国家职业教育工业机器人技术专业
教学资源库配套教材

ICVE 智慧职教 高等职业教育电类课程
新形态一体化规划教材

工业机器人
应用系统三维建模
（SolidWorks）

▶主　编　文清平　李勇兵

高等教育出版社·北京

内容提要

　　本书是国家职业教育专业教学资源库工业机器人技术专业建设项目规划教材。全书分为7个项目，采用任务驱动教学法，内容包括初识 SolidWorks、工业机器人上下料工作站夹持夹具设计、焊接机器人末端操作器设计、工业机器人上下料工作站旋转上料机设计、工业机器人示教器设计、装配及运动仿真、工业机器人上下料工作站支架工程图等。本书建模的所有零件均来源于实际生产线。

　　本书以"纸质教材+数字课程"的方式，配有数字化课程网站与教、学、做一体化设计的专业教学资源库，内容丰富，功能完善。书中的知识点与相应学习资源直接对应，扫描二维码即可观看，激发学生主动学习，不受时间、空间限制，提高学习效率。线上学习资源大幅扩展教材容量，并可根据实际需要及时更新，体现新技术、新方法，巩固教材内容的时效性。本书配套的数字化教学资源包括教学课件、微课、虚拟实训、实例源文件等，扫描封面二维码，可获取本书配套学习资源清单。资源的具体获取方式详见本书"智慧职教服务指南"。

　　本书适合作为高等职业院校工业机器人技术专业、机电一体化专业、电气自动化专业等装备制造大类相关专业的教材，也可作为工程技术人员的参考资料和培训用书。

图书在版编目（C I P）数据

　　工业机器人应用系统三维建模：SolidWorks/文清平，李勇兵主编. --北京：高等教育出版社，2017.9
　　ISBN 978-7-04-047677-4

　　Ⅰ. ①工… Ⅱ. ①文… ②李… Ⅲ. ①工业机器人-程序设计-高等职业教育-教材 Ⅳ. ①TP242.2

　　中国版本图书馆 CIP 数据核字（2017）第 110392 号

工业机器人应用系统三维建模（SolidWorks）
GONGYE JIQIREN YINGYONG XITONG SANWEI JIANMO（SolidWorks）

策划编辑　郭　晶	责任编辑　郑期彤	封面设计　赵　阳	版式设计　童　丹
插图绘制　杜晓丹	责任校对　刘春萍	责任印制　耿　轩	

出版发行	高等教育出版社	网　址	http://www.hep.edu.cn
社　址	北京市西城区德外大街 4 号		http://www.hep.com.cn
邮政编码	100120	网上订购	http://www.hepmall.com.cn
印　刷	北京市白帆印务有限公司		http://www.hepmall.com
开　本	850mm×1168mm　1/16		http://www.hepmall.cn
印　张	18.25		
字　数	400 千字	版　次	2017 年 9 月第 1 版
购书热线	010-58581118	印　次	2017 年 9 月第 1 次印刷
咨询电话	400-810-0598	定　价	38.00 元

国家职业教育工业机器人技术专业教学资源库
配套教材编审委员会

《中国制造 2025》明确提出，重点发展"高档数控机床和机器人等十大产业"。预计到 2025 年，我国工业机器人应用技术人才需求将达到 30 万人。工业机器人技术专业面向工业机器人本体制造企业、工业机器人系统集成企业、工业机器人应用企业需要，培养工业机器人系统安装、调试、集成、运行、维护等工业机器人应用技术技能型人才。

国家职业教育工业机器人技术专业教学资源库项目建设工作于 2014 年正式启动。项目主持单位常州机电职业技术学院，联合成都航空职业技术学院、湖南铁道职业技术学院、南宁职业技术学院、宁波职业技术学院、青岛职业技术学院、长沙民政职业技术学院、安徽职业技术学院、金华职业技术学院、柳州职业技术学院、温州职业技术学院、浙江机电职业技术学院、安徽机电职业技术学院、广东交通职业技术学院、黄冈职业技术学院、秦皇岛职业技术学院、常州纺织服装职业技术学院、常州轻工职业技术学院、广州工程技术职业学院、湖南汽车工程职业学院、苏州工业职业技术学院、四川信息职业技术学院等 21 所国内知名院校和上海 ABB 工程有限公司等 16 家行业企业共同开展建设工作。

工业机器人技术专业教学资源库项目组按照教育部"一体化设计、结构化课程、颗粒化资源"的资源库建设理念，系统规划专业知识技能树，设计每个知识技能点的教学资源，开展资源库的建设工作。项目启动以来，项目组广泛调研了行业动态、人才培养、专业建设、课程改革、校企合作等方面的情况，多次开展全国各地院校参与的研讨工作，反复论证并制订工业机器人技术专业建设整体方案，不断优化资源库结构，持续投入项目建设。资源建设工作历时两年，建成了以一个平台（图1）、三级资源（图2）、五个模块（图3）为核心内容的工业机器人技术专业教学资源库。

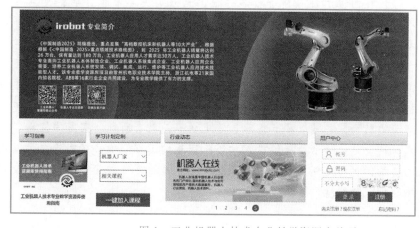

图 1　工业机器人技术专业教学资源库首页

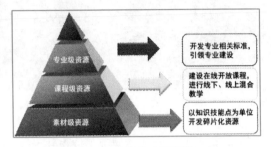

图 2　资源库三级资源　　　　　　图 3　资源库五个模块

本套教材是资源库项目建设重要成果之一。为贯彻《国务院关于加快发展现代职业教育的决定》，在"互联网+"时代背景下，以线上线下混合教学模式推动信息技术与教育教学深度融合，助力专业人才培养目标的实现，项目主持院校与联合建设院校深入调研企业人才需求，研究专业课程体系，梳理知识技能点，充分结合资源库数字化内容，编写了这套新形态一体化教材，形成了以下鲜明特色。

第一，从工业机器人应用相关核心岗位出发，根据典型技术构建专业教材体系。项目组根据专业建设核心需求，选取了 10 门专业课程进行建设，同时建设了 4 门拓展课程。与工业机器人载体密切相关的课程，针对不同工业机器人品牌分别建设课程内容。例如，"工业机器人现场编程"课程分别以 ABB、安川电机、发那科、库卡、川崎等品牌工业机器人的应用为内容，同时开发多门课程的资源。与课程教学内容配套的教材内容，符合最新专业标准，紧密贴合行业先进技术和发展趋势。

第二，从各门课程的核心能力培养目标出发，设计先进的编排结构。在梳理出教材的各级知识技能点，系统地构建知识技能树后，充分发挥"学生主体，任务载体"的教学理念，将知识技能点融入相应的教学任务，符合学生的认知规律，实现以兴趣激发学生，以任务驱动教学。

第三，配套丰富的课程级、单元级、知识点级数字化学习资源，以资源与相应二维码链接来配合知识技能点讲解，展开教材内容，将现代信息技术充分运用到教材中。围绕不同知识技能点配套开发的素材类型包括微课、动画、实训录像、教学课件、虚拟实训、讲解练习、高清图片、技术资料等。配套资源不仅类型丰富，而且数量高，覆盖面广，可以满足本专业与装备制造大类相关专业的教学需要。

第四，本套教材以"数字课程+纸质教材"的方式，借助资源库从建设内容、共享平台等多方面实施的系统化设计，将教材的运用融入整个教学过程，充分满足学习者自学、教师实施翻转课堂、校内课堂学习等不同读者及场合的使用需求。教材配套的数字课程基于资源库共享平台（"智慧职教"，http://www.icve.com.cn/irobot）。

第五，本套教材版式设计先进，并采用双色印刷，包含大量精美插图。版式设计方面突出书中的核心知识技能点，方便读者阅读。书中配备的大量数字化学习资源，分门别类地标记在书中相应知识技能点处的侧边栏内，大量微课、实训录像等可以借助二维码实现随扫随学，弥补传统课堂形式对授课时间和教学环境的制约，并辅以要点提示、笔记栏等，具有新颖、实用的特点。

专业课程建设和教材建设是一项需要持续投入和不断完善的工作。项目组将致力于工业机器人技术专业教学资源库的持续优化和更新，力促先进专业方案、精品资源和优秀教材早入校园，更好地服务于现代职教体系建设，更好地服务于青年成才。

工业机器人技术专业教学资源库项目组

2017 年 6 月

基于"智慧职教"开发和应用的新形态一体化教材，素材丰富、资源立体，教师在备课中不断创造，学生在学习中享受过程，新旧媒体的融合生动演绎了教学内容，线上线下的平台支撑创新了教学方法，可完美打造优化教学流程、提高教学效果的"智慧课堂"。

"智慧职教"是由高等教育出版社建设和运营的职业教育数字教学资源共建共享平台和在线教学服务平台，包括职业教育数字化学习中心（www.icve.com.cn）、职教云（zjy.icve.com.cn）和云课堂（APP）三个组件。其中：

● 职业教育数字化学习中心为学习者提供了包括"职业教育专业教学资源库"项目建设成果在内的大规模在线开放课程的展示学习。

● 职教云实现学习中心资源的共享，可构建适合学校和班级的小规模专属在线课程（SPOC）教学平台。

● 云课堂是对职教云的教学应用，可开展混合式教学，是以课堂互动性、参与感为重点贯穿课前、课中、课后的移动学习 APP 工具。

"智慧课堂"具体实现路径如下：

1. 基本教学资源的便捷获取

职业教育数字化学习中心为教师提供了丰富的数字化课程教学资源，包括与本书配套的教学课件（PPT）、微课、虚拟实训、实例源文件等。未在 www.icve.com.cn 网站注册的用户，请先注册。用户登录后，在首页或"课程"频道搜索本书对应课程"工业机器人应用系统三维建模"，即可进入课程进行在线学习或资源下载。

2. 个性化 SPOC 的重构

教师若想开通职教云 SPOC 空间，可将院校名称、姓名、院系、手机号码、课程信息、书号等发至 1548103297@qq.com（邮件标题格式：课程名+学校+姓名+SPOC 申请），审核通过后，即可开通专属云空间。教师可根据本校的教学需求，通过示范课程调用及个性化改造，快捷构建自己的 SPOC，也可灵活调用资源库资源和自有资源新建课程。

3. 云课堂 APP 的移动应用

云课堂 APP 无缝对接职教云，是"互联网+"时代的课堂互动教学工具，支持无线投屏、手势签到、随堂测验、课堂提问、讨论答疑、头脑风暴、电子白板、课业分享等，帮助激活课堂，教学相长。

前　言

一、起因

随着工业产品竞争的日趋激烈，德国率先提出"工业 4.0"的概念，致力于发展智能工厂、智能生产和智能物流的柔性智能生产体系。我国也顺应国际发展趋势和国情，提出了"中国制造2025"，指出了我国加工制造业的转型方向。我国将大力发展包括工业机器人、高档数控机床等在内的先进制造业。这些产业的发展对生产现场的技术人员提出了更高的要求。本书力求简单和详细，选用生产现场的实际产品为载体，由浅入深，先完成产品的简单零件，再将零件装配成产品，最后完成所需的工程图。为了使读者能更好地掌握相关知识。我们在总结长期教学经验和工程实践的基础上，联合相关企业人员，共同编写了这本新形态一体化教材，力争使读者通过边看书边完成实例，最终学会 SolidWorks 的应用。

二、本书结构

本书根据当前高职院校教学需要，选取工业生产中的实际零件精心编排，全书共有 7 个项目，包括初识 SolidWorks、工业机器人上下料工作站夹持夹具设计、焊接机器人末端操作器设计、工业机器人上下料工作站旋转上料机设计、工业机器人示教器设计、装配及运动仿真、工业机器人上下料工作站支架工程图。

每个项目都由"知识目标""技能目标""技能树"以及多个关联任务组成。关联任务中包括"任务分析""相关知识""任务实施""任务拓展"等部分。

"任务分析"对本任务要解决的实际任务进行描述和分析。

"相关知识"给出了要解决实际任务需要学习和掌握的系统的应用知识。

"任务实施"引导教师和学生分步完成任务，并将专业能力、自主学习能力、与人合作等社会能力融入其中。

"任务拓展"列举了与本任务相关的其他知识，以拓展学生知识面。

三、内容特点

1. 本书遵循"任务驱动、项目导向"，以"从完成简单工作任务到完成复杂工作任务"的能力发展过程为主线，按照工作复杂度"由浅入深"的原则设置一系列学习任务，引领技术知识、实践，并嵌入职业核心能力知识点，改变理论与实践相剥离的传统教材组织方式，为学生提供在完成工作任务的过程中学习相关知识、发展综合职业能力的学习工具。以企业实际生产线上的典型零件为样本，根据教学目的对载体进行提炼，便于教师采用项目教学法引导学生展开自主学习，掌握、建构和内化知识与技能，强化学生自我学习能力的培养。

2. 由于多名编者来自企业，本书在内容的组织上打破传统教材的知识结构，充分借鉴企业工程师的工作思路，同时强化工程师的实际工作关注点，并将经验进行抽取、总结。

3. 注重就业需求，以培养职业岗位群的综合应用能力为目标，充实训练模块的内容，强化应用，有针对性地培养学生较强的职业技能。

4. 各项目均设有"思考与练习"，方便学生复习、巩固所学知识；项目 2~项目 7 的各任务设有"任务实施",学生可通过"任务实施"进行技能过程考核,有利于形成主动学习、互相交流探讨的课程实施环境,培养学生自主学习与技能应用能力。

5. 以就业为导向,将软件的操作方法和专业设计、制造能力有机地融合到每一个项目实训中,充分体现了"教—学—做"一体化的项目式教学特色,让学生一边学习理论知识,一边操作实训,加强感性认识,达到事半功倍的效果。

四、配套的数字化学习资源

本书得益于现代信息技术的飞速发展,在使用双色印刷的同时,配备了大量的教学课件(PPT)、微课、虚拟实训、实例源文件等新形态一体化学习资源。

读者在学习过程中可登录本书配套数字化课程网站 http://www.icve.com.cn(国家职业教育专业教学资源库网站)使用数字化学习资源,具体登录方法见书后"郑重声明"页;对于微课等可直接观看的学习资源,可以通过扫描书中丰富的二维码链接来使用。

五、教学建议

本书适合作为高等职业院校工业机器人技术专业、机电一体化专业、电气自动化专业等装备制造大类相关专业的教材,也可作为工程技术人员的参考资料和培训用书。

教师通过对每个项目基本知识的讲解和基本操作的演示,让学生掌握相应的基本观念和基本操作;学生再进行实际操作,进一步巩固和加强这些基本观念和基本操作。一般情况下,教师可用30学时来讲解本书各个项目的内容,学生可用34学时完成课程实践,一共需要64学时。具体课时分配建议见下表。

序号	内容	分配建议/学时	
		理论	实践
1	项目 1 初识 SolidWorks	2	
2	项目 2 夹持夹具设计	6	6
3	项目 3 焊接机器人末端操作器设计	6	6
4	项目 4 旋转上料机设计	4	6
5	项目 5 示教器设计	4	6
6	项目 6 装配及运动仿真	4	6
7	项目 7 支架工程图	4	4
	合计	30	34

六、致谢

本书由文清平和李勇兵任主编,熊隽和吴智任副主编。项目 1 和项目 7 由文清平编写;项目 2 由熊保玉和熊征伟编写;项目 3 由熊隽编写;项目 4 由何彩颖和燕杰春编写;项目 5 由李勇兵编写;项目 6 由吴智编写。四川信息职业技术学院的杨华明任主审。

在本书的编写过程中,成都米顶科技有限公司、广州珠海汉迪自动化设备有限公司、浙江亚龙教育装备股份有限公司、青岛职业技术学院等企业和院校提供了许多宝贵的建议和意见,并给予大力支持、鼓励及指导,在此一并致谢。

由于技术发展日新月异,加之编者水平有限,对于书中不妥之处,恳请广大师生批评指正。

编者

2017 年 6 月

目　录

项目 **1**

初识 SolidWorks

　　SolidWorks 是由美国 SolidWorks 公司自主开发的三维机械 CAD 软件。自 1995 年问世以来，SolidWorks 以其强大的功能、易用性和创新性，极大地提高了机械工程师的设计效率，在与同类软件的竞争中逐步确立了其市场地位。

　　SolidWorks 系列产品在市场上越来越普及，已经逐渐成为主流三维机械设计的重要选择。其强大的绘图功能、空前的易用性，以及一系列旨在提升设计效率的新特性，不断推进业界对三维设计的采用，也加速了整个三维行业的发展步伐。

📖 知识目标

- 了解 SolidWorks 的基本功能。
- 了解 SolidWorks 常用的基本术语。
- 熟悉 SolidWorks 的用户界面。
- 掌握 SolidWorks 作图环境的设置内容。

☑ 技能目标

- 能够根据任务选择 SolidWorks 的模块。
- 掌握 SolidWorks 中命令管理器的使用技巧。
- 掌握 SolidWorks 中属性管理器的使用技巧。
- 掌握 SolidWorks 中特征管理器设计树的使用技巧。
- 掌握 SolidWorks 作图环境的设定方法和技巧。

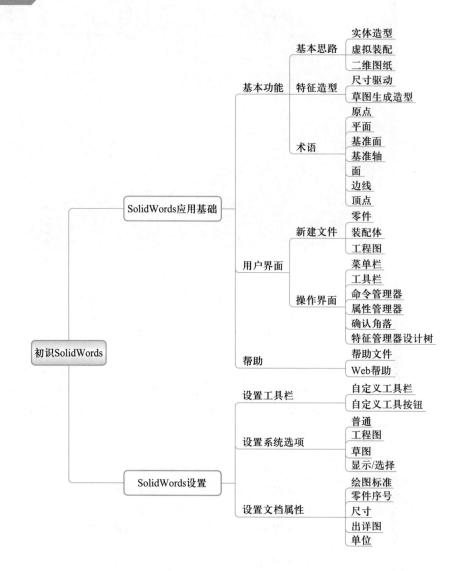

初识SolidWords
- SolidWords应用基础
  - 基本功能
    - 基本思路
      - 实体造型
      - 虚拟装配
      - 二维图纸
    - 特征造型
      - 尺寸驱动
      - 草图生成造型
    - 术语
      - 原点
      - 平面
      - 基准面
      - 基准轴
      - 面
      - 边线
      - 顶点
  - 用户界面
    - 新建文件
      - 零件
      - 装配体
      - 工程图
    - 操作界面
      - 菜单栏
      - 工具栏
      - 命令管理器
      - 属性管理器
      - 确认角落
      - 特征管理器设计树
  - 帮助
    - 帮助文件
    - Web帮助
- SolidWords设置
  - 设置工具栏
    - 自定义工具栏
    - 自定义工具按钮
  - 设置系统选项
    - 普通
    - 工程图
    - 草图
    - 显示/选择
  - 设置文档属性
    - 绘图标准
    - 零件序号
    - 尺寸
    - 出详图
    - 单位

任务 1　SolidWorks 应用基础

任务分析

　　SolidWorks 是一款非常优秀的三维设计软件，经常应用于机械设计、模具设计、消费品设计等行业。要想更好地使用 SolidWorks，需要了解它的优缺点，熟悉它的界面，知道如何获取需要的帮助。

相关知识

1.1.1　SolidWorks 基本功能

　　SolidWorks 是一款基于造型的三维机械设计软件，它的基本设计思路是：实体造型→虚拟装配→二维图纸。

教学课件
SolidWords 简介

　　用 SolidWorks 不仅可以生成二维工程图，还可以生成三维零件模型。用户可以画出具有三维效果的零件图，而不只是二维图纸。通过这些三维零件，可以生成二维图纸和三维装配图，如图 1-1 所示。

　　SolidWorks 是一种尺寸驱动系统，具有尺寸驱动三维实体的功能。用户可以给定各部分之间的尺寸和几何关系。在保存模型的时候，改变尺寸就会改变零件的大小和形状，如图 1-2 所示。

微课
SolidWorks 软件
简介

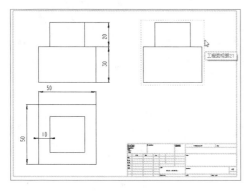

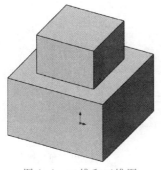

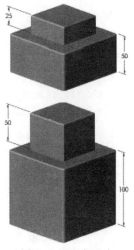

图 1-1　二维和三维图　　　　　图 1-2　尺寸驱动

SolidWorks 模型由零件、装配体及工程图组成，如图 1-3 所示，三者具有联动关系。零件、装配体和工程图是一个模型的不同的表现形式，对任意一个进行改动都会使其他两个自动跟着改变。在三维设计系统中，零件、装配体和工程图是相关的。即假设在零件中修改了某尺寸的大小，那么，在装配体或工程图中，该尺寸也会发生相同的变化。如果该零件设计用于模具加工，那么，由零件生成的模具或加工代码也会随之发生变化。

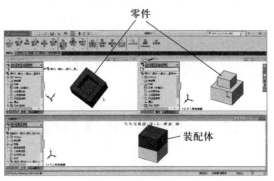
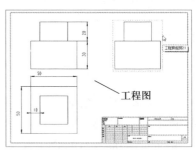

图 1-3   SolidWorks 的三种文件：零件、装配体、工程图

SolidWorks 具有特征造型功能。用来生成零件的特征包括形状（拉伸、切除、孔等）和操作（圆角、倒角、抽壳等），如图 1-4 所示。

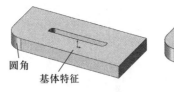
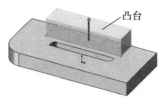
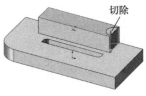

图 1-4   组合特征形成零件

SolidWorks 可以用生成的草图来生成零件的大部分特征。草图指的是二维轮廓或横断面，对草图进行拉伸、旋转、放样或者沿某一路径扫描等操作后即可生成特征，如图 1-5 所示。

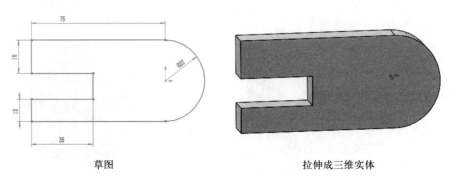

草图   拉伸成三维实体

图 1-5   由草图生成零件特征

1.1.2　术语

本书中涉及的部分术语如下。

（1）原点：显示为三个灰色（蓝色）箭头，代表模型的（0，0，0）坐标。当草图为激活状态时，草图原点显示为红色，代表草图的（0，0，0）坐标。可以向模型原点添加尺寸和几何关系，但不能向草图原点添加尺寸和几何关系。

（2）平面：位于同一基准面上的实体。例如，圆为平面，但螺旋线则不是。平面用于绘制草图。

（3）基准面：用户自定义的（或建立的）用于添加二维草图、模型的剖面视图和用于拔模特征的中性面的平面。SolidWorks 软件提供了三个预设的基准面：前视基准面、上视基准面、右视基准面。

（4）基准轴：用于创建模型几何体、特征或阵列的直线。可以使用多种方法创建基准轴，包括交叉两个基准面。

扩展资源
三维建模基本概念

（5）面：帮助定义模型特征或曲面特征的边界。面是模型或曲面可以选择的区域（平面的或非平面的）。

（6）边线：两个面或曲面沿着一段距离相交的位置。可以选择边线用于绘制草图、标注尺寸以及其他用途。

教学课件
SolidWorks 用户界面

（7）顶点：两条或多条线或边线相交的点。可以选择顶点用于绘制草图、标注尺寸以及其他用途。

1.1.3　SolidWorks 用户界面

通常在安装完 SolidWorks 2014 以后，会在 Windows 的桌面上生成快捷方式，双击快捷方式图标便可启动 SolidWorks。

微课
SolidWorks 用户界面

另外，也可以在开始菜单中选择"所有程序"│SolidWorks 2014│SolidWorks 2014×64 Edition 命令来启动 SolidWorks，这时将进入如图 1-6 所示的 SolidWorks 2014 启动界面。

启动后的 SolidWorks 2014 界面如图 1-7 所示。

扩展资源
SolidWorks 软件安装

图 1-6　SolidWorks 2014 启动界面

图 1-7　启动后的 SolidWorks 2014 界面

图 1-7 中，界面右侧为"SolidWorks 资源"弹出面板，其中包括"开始"面板、"SolidWorks 工具"面板、"社区"面板及"在线资源"面板等。用户可以通过单击 « 按钮来显示或隐藏"SolidWorks 资源"弹出面板。

单击界面左上角的"新建"按钮□，或者选择菜单栏中的"文件"|"新建"命令，即可弹出如图 1-8 所示的"新建 SolidWorks 文件"对话框。

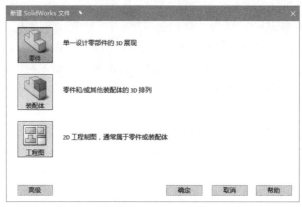

图 1-8 "新建 SolidWorks 文件"对话框

扩展资源
SolidWorks 文件
管理

在"新建 SolidWorks 文件"对话框中单击"零件"按钮，然后单击"确定"按钮，即可进入如图 1-9 所示的完整的用户操作界面。

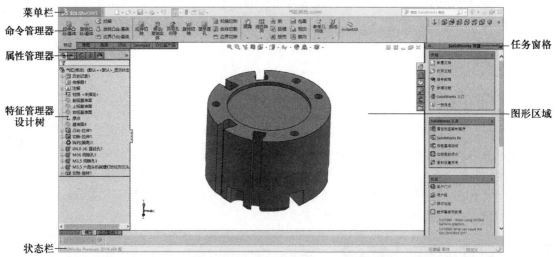

图 1-9 完整的用户操作界面

1. 菜单栏

菜单栏包含常用工具按钮（如图 1-10 所示）、SolidWorks 菜单、SolidWorks 搜索以及帮助下拉菜单。

图 1-10 菜单栏中的常用工具按钮

通过单击工具按钮旁边的下拉按钮，会弹出带有附加功能的下拉菜单，这使用户可以访问工具栏中的大多数文件菜单命令。例如，"保存"下拉菜单中包括"保存""另存为""保存所有"命令，如图 1-11 所示。

2. 工具栏

工具栏对于大部分 SolidWorks 工具以及插件产品均可使用。命名的工具栏可帮助用户进行特定的设计任务，如应用曲面或工程图曲线。由于命令管理器中包含了当前选定文档的最常用的工具，因此工具栏默认关闭。

3. 命令管理器

命令管理器是一个上下文相关工具栏，它可以根据用户要使用的工具栏进行动态更新。默认情况下，它根据文档类型嵌入相应的工具栏。当用户单击位于命令管理器下方的选项卡标签时，它将更新以显示该工具栏。例如，单击"草图"标签，则"草图"工具栏将出现，如图 1-12 所示。需要添加选项卡时，只需要在选项卡上右击，在弹出的快捷菜单中选中相应的选项卡即可。

图 1-11　"保存"下拉菜单

图 1-12　"草图"工具栏

使用命令管理器可以将工具栏按钮集中起来使用，从而为图形区域节省空间。若想切换按钮的说明和大小，可右击命令管理器，在弹出的快捷菜单中选中或取消选中"使用带有文本的大按钮"选项；也可从"工具"|"自定义工具栏"菜单中设置该选项。使用 Ctrl+PgUp 和 Ctrl+PgDn 组合键，可滚动查看命令管理器选项卡。

4. 属性管理器

属性管理器是为许多 SolidWorks 命令设置属性和其他选项的一种手段。它出现在图形区域左侧窗格中的属性管理器标签 上，在用户选择属性管理器中所定义的实体或命令时打开，如图 1-13 所示。用户可在"工具"|"选项"|"系统选项"|"一般"菜单中选择是否在其他情况下打开属性管理器。

5. 确认角落

确认角落位于图形区域右上角，如图 1-14 所示，利用确认角落可以接受相应的草图绘制和特征操作。

进行草图绘制时，可以单击确认角落中的"退出草图"图标 来结束并接受草图绘制，也可以单击"取消"图标 来放弃草图的更改。

进行特征造型时，可以单击确认角落中的"确定"图标 来结束并接受特征造型，也可以单击"取消"图标 来放弃特征造型操作。

6. 特征管理器设计树

特征管理器设计树位于 SolidWorks 窗口的左侧，是 SolidWorks 软件中比较常用的部分，它提供了激活零件、装配体或工程图的大纲视图，从而可以很方便地查看模型或装配体的构造情况，或者查看工程图中的不同图纸和视图。

特征管理器设计树和图形区域是动态链接的，在使用时可以在任意窗格中选择特征、草图、工程视图和构造几何线。

图 1-13　"凸台-拉伸"
属性管理器

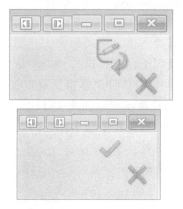

图 1-14　确认角落

图 1-15　特征管理器设计树

特征管理器设计树用于组织和记录模型中的各个要素及要素之间的参数信息和相互关系，以及模型、特征和零件之间的约束关系等，几乎包含了所有设计信息，如图 1-15 所示。

特征管理器设计树的功能主要如下。

（1）以名称来选择模型中的项目，即可以通过在模型中选择其名称来选择特征、草图、基准面及基准轴。在选择的同时按住 Shift 键，可以选取多个连续项目；在选择的同时按住 Ctrl 键，可以选取非连续项目。

（2）确认和更改特征的生成顺序。在特征管理器设计树中拖动项目可以重新调整特征的生成顺序，这将更改重建模型时特征重建的顺序。

（3）通过双击特征的名称可以显示特征的尺寸。

（4）如果要更改项目的名称，可在名称上缓慢地单击两次以选择该名称，然后输入新的名称。

（5）压缩和解除压缩零件特征和装配体零部件，这在装配零件时是很常用的。同样，如要选择多个特征，可在选择的时候按住 Ctrl 键。

（6）右击某个特征，在弹出的快捷菜单中选择"父子关系"命令，可查看父子关系。

（7）通过右击，在设计树中还可显示如下项目：特征说明、零部件说明、零部件配置名称、零部件配置说明等。

（8）将文件夹添加到特征管理器设计树中。

对特征管理器设计树的操作是熟练应用 SolidWorks 的基础，也是应用 SolidWorks 的重点。特征管理器设计树功能强大，此处不能一一列举，在本书后面的内容中会多次使用，只有在学习的过程中逐渐熟练应用设计树的功能，才能加快建模的速度和效率。

任务拓展

1.1.4　获取帮助信息

在使用 SolidWorks 进行三维建模时，经常会遇到一些难以处理的问题，这时就需要借助于软件本身提供的强大的帮助系统。SolidWorks 提供了方便快捷的帮助系统，主要包括帮助主题、教程手册、在线指导手册以及新增功能手册等。

获取 SolidWorks 帮助的方法如下。

（1）在激活的属性管理器或对话框中，单击"帮助"按钮。

（2）将鼠标指针移动到任一命令按钮上，将弹出浮动帮助条，如图 1-16 所示，同时也将在状态栏中显示提示信息。

（3）SolidWorks 用户界面的菜单栏中包含 SolidWorks 搜索和帮助下拉菜单，如图 1-17所示。

图 1-16　浮动帮助条　　　图 1-17　SolidWorks 搜索和帮助下拉菜单

任务 2　SolidWorks 设置

任务分析

SolidWorks 是一款非常优秀的三维建模软件。在使用时需要对系统进行一定的设置来满足自己的使用习惯，这样可以极大地提高作图效率。同时，通过设置，也能够使绘图及标注更加适应国家标准。本任务将要完成对 SolidWorks 作图环境的设置。

相关知识

1.2.1　设置工具栏

工具栏中包含了所有菜单命令的快捷方式。通过使用工具栏，可以大大提高

教学课件
工具栏的设置及自定义

微课
工具栏的设置及自定义

SolidWorks 的设计效率，用户可以根据个人的操作习惯来自定义工具栏及工具栏中的工具按钮。

1. 自定义工具栏

用户可根据文件类型（零件、装配体或工程图）来放置工具栏并设定其显示状态，即可选择想显示的工具栏并清除想隐藏的工具栏。此外，还可设定哪些工具栏在没有文件打开时可显示。SolidWorks 还会自动保存显示哪些工具栏，以及根据每个文件类型确定在什么地方显示工具栏。

自定义工具栏的具体设置如下：选择菜单栏中的"工具"|"自定义"命令，或在工具栏区域右击，并在弹出的快捷菜单中选择"自定义"命令，会弹出如图 1-18 所示的"自定义"对话框。在"工具栏"选项卡中，选中想显示的工具栏对应的复选框，同时取消选中想隐藏的工具栏对应的复选框即可。

图 1-18 "自定义"对话框

如果显示的工具栏位置不理想，可以将鼠标指针指向工具栏上按钮之间空白的地方，然后拖动工具栏到想要的位置。如果将工具栏拖到 SolidWorks 窗口的边缘，工具栏就会自动定位在该边缘。

2. 自定义工具按钮

自定义工具栏中的工具按钮的具体设置如下：选择菜单栏中的"工具"|"自定义"命令，或在工具栏区域右击，并在弹出的快捷菜单中选择"自定义"命令，打开"自定义"对话框。单击"命令"标签，切换至"命令"选项卡，在"类别"列表框中选择要自定义工具按钮的工具栏，如图 1-19 所示。

通过 SolidWorks 提供的自定义命令，可以重新安排工具栏中的工具按钮。

（1）移动工具按钮：在"命令"选项卡中选取一个类别，在"按钮"选项组中将要使用的工具按钮拖动到任意工具栏中。

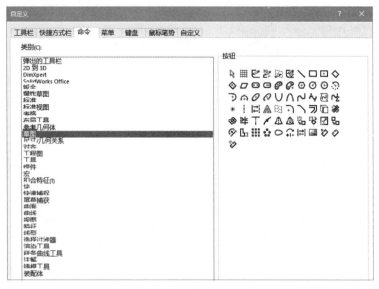

图 1-19　"命令"选项卡

（2）删除工具按钮：单击要删除的工具按钮并将其拖放至图形区域中。

1.2.2　设置系统选项

根据使用习惯或国家标准可以对 SolidWorks 操作环境进行必要的设置。例如，可以在"文档属性"中设置尺寸的标准为 GB。当设置生效后，在随后的设计工作中就会全部按照中华人民共和国标准来标注尺寸。

要设置系统的属性，可选择菜单栏中的"工具"|"选项"命令，从而打开"系统选项"对话框。该对话框有"系统选项"和"文档属性"两个选项卡。

"系统选项"选项卡：在该选项卡中设置的内容都将保存在注册表中。它不是文件的一部分，因此，这些设置会影响当前和将来的所有文件。

"文档属性"选项卡：在该选项卡中设置的内容仅应用于当前文件。

每个选项卡上列出的选项以树形格式显示在选项卡的左侧。单击其中一个选项时，其下的相关选项就会出现在选项卡右侧。本节先来介绍"系统选项"选项卡中的内容，如图 1-20 所示。

1. "普通"选项

● "启动时打开上次所使用的文档"选项：如果用户希望在打开 SolidWorks 时，自动打开最近使用的文件，则在该下拉列表框中选择"总是"，否则选择"从不"。

● "输入尺寸值"选项：建议选中该复选框。选中该复选框后，当对一个新的尺寸进行标注后，会自动显示尺寸值修改框；否则，必须在双击标注尺寸后才会显示该框。

● "每选择一个命令仅一次有效"选项：选中该复选框后，当每次使用草图绘制或者尺寸标注工具进行操作之后，系统会自动取消其选择状态，从而避免该命令的连续执行。双击某一工具可使其保持为选择状态以继续使用。

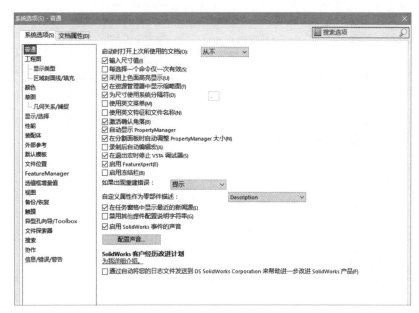

图 1-20   "系统选项"选项卡

• "采用上色面高亮显示"选项：选中该复选框后，当使用选择工具选择面时，系统会将该面用单色显示；否则，系统会将该面的边线用蓝色虚线高亮度显示。

• "在资源管理器中显示缩略图"选项：在建立装配体文件时，经常会遇到只知其名、不知为何物的尴尬情况。选中该复选框后，则在 Windows 资源管理器中会显示每个 SolidWorks 零件或装配体文件的缩略图，而不是图标，该缩略图将以保存时的模型视图为基础。此外，该缩略图也可以在"打开"对话框中使用。

• "为尺寸使用系统分隔符"选项：选中该复选框后，系统将使用默认的系统小数点分隔符来显示小数数值。如果要使用不同于系统默认的小数分隔符，请取消选中该复选框，此时其右侧的文本框便被激活，可以在其中输入作为小数分隔符的符号。

• "使用英文菜单"选项：SolidWorks 支持多种文字（如中文、俄文、西班牙文等），如果在安装 SolidWorks 时已指定使用其他文字，通过选中此复选框可以将其改为英文版本。

• "激活确认角落"选项：选中该复选框后，当进行某些需要确认的操作时，在图形区域的右上角将会显示确认角落。

• "自动显示 PropertyManager"选项：选中该复选框后，对特征进行编辑时，系统将自动显示该特征的属性管理器（PropertyManager）。例如，如果选择了一个草图特征进行编辑，则所选草图特征的属性管理器将自动出现。

2. "工程图"选项

如前所述，SolidWorks 是一款基于造型的三维机械设计软件，它的基本设计思路是：实体造型→虚拟装配→二维图纸。

SolidWorks 推出了二维转换工具，通过它能够在保留原有数据的基础上，让用户方便地将二维图纸转换到 SolidWorks 的环境中，从而完成详细的工程图。

图 1-21 所示为"工程图"选项的相关内容。

图 1-21　"工程图"选项

• "在插入时消除复制模型尺寸"选项：选中该复选框后，复制的尺寸在模型尺寸被插入时不插入到工程图中。

• "自动缩放新工程视图比例"选项：选中该复选框后，当插入零件或装配体的标准三视图到工程图时，将会调整三视图的比例以配合工程图纸的大小，而不管已选图纸的大小。

• "拖动工程视图时显示内容"选项：选中该复选框后，在拖动视图时会显示模型的具体内容；否则，在拖动时只显示视图边界。

• "显示新的局部视图图标为圆"选项：选中该复选框后，新的局部视图轮廓显示为圆；取消选中该复选框，则显示为草图轮廓。这样做可以提高系统的显示性能。

• "选取隐藏的实体"选项：选中该复选框后，用户可以选择隐藏实体的切边和边线。当鼠标经过隐藏的边线时，边线将以双点画线显示。

• "打开工程图时允许自动更新"选项：选中该复选框后，如果上一次保存了工程图，在"自动更新视图"选项为关闭状态的情况下打开现有工程图时系统会更新视图，如果模型已经改变，所有过时的工程视图均会以剖面线进行标记。这样做可以更快速地打开工程图，特别是较大或复杂的工程图。如果要选择"自动更新视图"模式，只需要在属性管理器设计树顶部的工程图图标上右击，然后在弹出的快捷菜单中选中或取消选中"自动更新视图"选项即可。

• "打印不同步水印"选项：SolidWorks 的工程制图中有一个分离制图功能，它能迅速生成与三维零件和装配体暂时脱开的二维工程图，但依然保持与三维的全相关性，这个功能使得从三维到二维的瓶颈得以彻底解决。当选中该复选框后，如果工程图与模型不同步，则工程图在打印输出时会自动印上一个"SolidWorks 分离工程图不同步打印"的水印。

- "在工程图中显示参考几何体名称"选项：选中该复选框后，当将参考几何实体输入工程图时，它们的名称将在工程图中显示出来。
- "生成视图时自动隐藏零部件"选项：选中该复选框后，当生成新的视图时，装配体的任何隐藏零部件将自动列举在"工程视图属性"对话框的"隐藏/显示零部件"选项卡中。
- "显示草图圆弧中心点"选项：选中该复选框后，将在工程图中显示出模型中草图圆弧的中心点。
- "显示草图实体点"选项：选中该复选框后，草图中的实体点将在工程图中显示。
- "为具有上色和草稿品质视图的工程图保存面纹数据"选项：取消选中该复选框后，文件大小将因不在具有上色和草稿品质视图的工程图文档中保存面纹数据而减小。如有必要，数据将从模型文件中读取。在只看模式和 eDrawings 下，工程图视图中将无任何内容显示。对于高品质和其他显示类型的工程图，将不使用面纹数据，所以文件大小不能降低。
- "局部视图比例缩放"选项：局部视图比例是指局部视图相对于原工程图的比例，可在其右侧的文本框中指定该比例。
- "自定义用为修订的属性"选项：在将文件载入到 PDMWorks（SolidWorks Office Professional 产品）时，将文件的自定义属性看成修订数据。
- "键盘移动增量"选项：当使用方向键来移动工程图视图、注解或尺寸时，指定移动的单位值。

3. "草图"选项

SolidWorks 软件中的所有零件都是建立在草图基础上的，大部分 SolidWorks 的特征也都是从二维草图绘制开始建立的。因此，草图绘制能力直接影响对零件的编辑能力，熟练地使用草图绘制工具绘制草图是非常重要的。在"系统选项"对话框中，"草图"选项如图 1-22 所示。

- "使用完全定义草图"选项：所谓完全定义草图是指草图中所有的直线和曲线及其位置均由尺寸或几何关系或两者说明。选中该复选框后，草图用来生成特征之前必须是完全定义的。
- "在零件/装配体草图中显示圆弧中心点"选项：选中该复选框后，草图中所有的圆弧中心点都将显示在草图中。
- "在零件/装配体草图中显示实体点"选项：选中该复选框后，草图中实体的端点将以实心圆点的方式显示。该圆点的颜色反映草图中该实体的状态，具体如下：
  - ◆ 黑色表示该实体是完全定义的；
  - ◆ 蓝色表示该实体是欠定义的，即实体中有些尺寸或几何关系未定义，可以

图 1-22　"草图"选项

随意改变；

　　◆ 红色表示该实体是过定义的，即实体中有些尺寸或几何关系有冲突或是多余的。

　　● "提示关闭草图"选项：选中该复选框后，当利用具有开环轮廓的草图生成凸台时，如果此草图可以用模型的边线来封闭，系统就会显示"封闭草图到模型边线"对话框。单击"是"按钮，即选择用模型的边线来封闭草图轮廓，同时可选择封闭草图的方向。

　　● "打开新零件时直接打开草图"选项：选中该复选框后，新建零件时可以直接使用草图绘制区域和草图绘制工具。

　　● "尺寸随拖动/移动修改"选项：选中该复选框后，可以通过拖动草图中的实体或在"移动/复制"属性管理器中移动实体来修改尺寸值。拖动完成后，尺寸将自动更新。

　　● "上色时显示基准面"选项：选中该复选框后，如果在上色模式下编辑草图，基准面看起来也上了色。

　　● "过定义尺寸"选项组：包含以下两个选项。

　　◆ "提示设定从动状态"选项：所谓从动尺寸是指该尺寸是由其他尺寸或条件驱动的，不能被修改。选中该复选框后，当添加一个过定义尺寸到草图时，会出现一个对话框询问尺寸是否应为从动。

　　◆ "默认为从动"选项：选中该复选框后，当添加一个过定义尺寸到草图时，尺寸会被默认为从动。

　　4. "显示/选择"选项

　　任何一个零件的轮廓都是一个复杂的闭合边线回路，在 SolidWorks 的操作中离不开对边线的操作。"显示/选择"选项即用于为边线的显示和选择进行设置，如图 1-23 所示。

　　● "隐藏边线显示为"选项组：这组单选按钮只有在隐藏线变暗模式下才有

> 提示
> 生成几何关系时，其中至少必须有一个项目是草图实体，其他项目可以是草图实体或边线、面、顶点、原点、基准面、轴或其他草图的曲线投影到草图基准面上形成的直线或弧线。

图 1-23 "显示/选择"选项

效。选中"实线"单选按钮，则将零件或装配体中的隐藏线以实线显示；选中"虚线"单选按钮，则以浅灰色线显示视图中不可见的边线，而可见的边线仍正常显示。

- "隐藏边线选择"选项组：包含以下两个复选框。
  - ◆ "允许在线架图及隐藏线可见模式下选择"选项：选中该复选框后，则在线架图及隐藏线可见模式下，可以选择隐藏的边线或顶点。
  - ◆ "允许在消除隐藏线及上色模式下选择"选项：选中该复选框后，则在消除隐藏线及上色模式下，可以选择隐藏的边线或顶点。消除隐藏线模式是指系统仅显示在模型旋转的角度下可见的线条，不可见的线条将被消除；上色模式是指系统将对模型使用颜色渲染。
- "零件/装配体上切边显示"选项组：这组单选按钮用来控制在消除隐藏线和隐藏线变暗模式下，模型切边的显示状态。
  - ◆ "为可见"选项：显示切边。
  - ◆ "为双点画线"选项：使用双点画线显示切边。
  - ◆ "移除"选项：不显示切边。
- "在带边线上色模式下显示边线"选项组：这组单选按钮用来控制在上色模式下，模型边线的显示状态。
  - ◆ "消除隐藏线"选项：所有在消除隐藏线模式下出现的边线也会在带边线上色模式下显示。
  - ◆ "线架图"选项：显示零件或装配体的所有边线。
- "关联中编辑的装配体透明度"选项组：该选项组中的下拉列表框用来设置

在关联中编辑的装配体透明度,可以选择"保持装配体透明度"和"强制装配体透明度"选项,其右边的移动滑块用来设置透明度的值。所谓关联是指在装配体中,若在零部件中生成一个参考其他零部件的几何特征,则相互的关联性也会相应改变。

● "高亮显示所有图形区域中选中特征的边线"选项:选中该复选框后,当单击模型特征时,所选特征的所有边线会以高亮显示。

● "图形视区中动态高亮显示"选项:选中该复选框后,当移动鼠标指针经过草图、模型或工程图时,系统将以高亮度显示模型的边线、面及顶点。

● "以不同的颜色显示曲面的开环边线"选项:选中该复选框后,系统将以不同的颜色显示曲面的开环边线,这样可以更容易地区分曲面开环边线和任何相切图线或侧影轮廓边线。

● "显示上色基准面"选项:选中该复选框后,系统将显示上色基准面。

● "激活通过透明度选择"选项:选中该复选框后,就可以通过装配体中零部件透明度的不同进行选择了。

● "显示参考三重轴"选项:选中该复选框后,将在图表区域中显示参考三重轴。

扩展资源
建模环境设定

1.2.3　设置文档属性

"文档属性"选项卡中的设置仅应用于当前文件,该选项卡仅在文件打开时可用。对于新建文件,如果没有特别指定该文件的属性,将使用建立该文件的模板中的文件设置(如网格线、边线显示、单位等)。

选择菜单栏中的"工具"|"选项"命令,打开"系统选项"对话框,切换至"文档属性"选项卡,在其中设置文档属性,如图 1-24 所示。

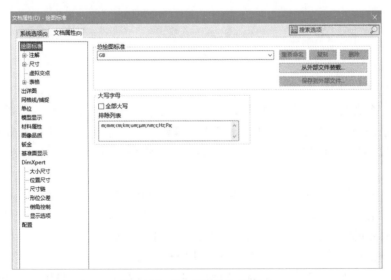

图 1-24　"文档属性"选项卡

选项卡中列出的选项以树形格式显示在选项卡的左侧。单击其中一个选项时,其下的相关选项就会出现在选项卡右侧。下面介绍几个常用的选项。

1. "绘图标准"选项

该选项用来设定尺寸标注时的标准。其中,"总绘图标准"下拉列表框用来设定尺寸的标注标准,可以选择 ISO、ANSI、DIN、JIS、BSI、GOST 或 GB 等标准。

2. "零件序号"选项

该选项主要用来设置装配图中零件序号的标注样式,包括单个零件序号、成组零件序号、零件序号文字及自动零件序号布局等。在"文档属性"选项卡中展开"注解"节点,选择"零件序号"选项,如图 1-25 所示,进行各选项的设置,然后单击"确定"按钮即可完成设置。

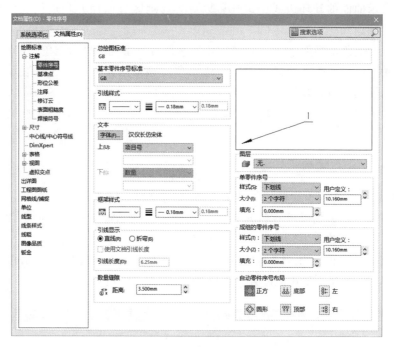

图 1-25　"零件序号"选项

3. "尺寸"选项

对于一个高级用户来说,工程图尺寸标注的设置非常重要,主要需要设置尺寸标注时文字是否加括号、位置的对齐方式、等距距离、箭头样式及位置等参数。单击"文档属性"选项卡中的"尺寸"选项,如图 1-26 所示,图中为系统的默认设置。

- "文本"选项组:单击"字体"按钮,可以修改字体。
- "双制尺寸"选项组:设置双制尺寸的显示位置和是否显示单位。
- "主要精度"选项组:设置尺寸和公差中小数点后的位数。
- "分数显示"选项组:设置分数尺寸的显示样式。
- "显示尺寸单位"选项:选中该复选框后,可在工程图中显示尺寸单位。
- "添加默认括号"选项:选中该复选框后,可在括号内显示尺寸。
- "在断裂视图中显示尺寸为断裂"选项:选中该复选框后,可在断裂视图中显示尺寸折断线。

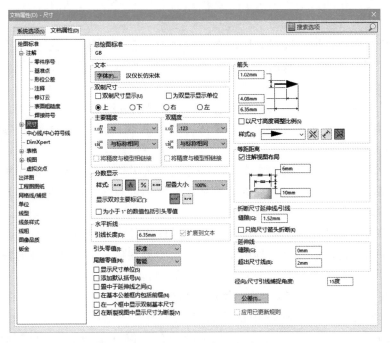

图 1-26　"尺寸"选项

4. "出详图"选项

该选项用来设置是否在工程图中显示装饰螺纹线、基准点、基准目标等，还可以进行其他方面的设置。单击"文档属性"选项卡中的"出详图"选项，如图 1-27 所示。

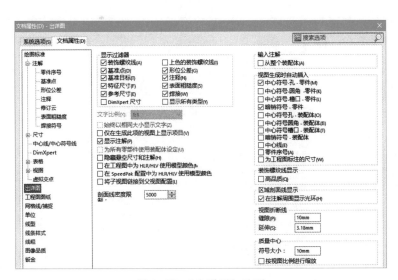

图 1-27　"出详图"选项

●"显示过滤器"选项组：设置在工程图中会显示的项目，选中相应的复选框为显示。

- "始终以相同大小显示文字"选项：选中该复选框后，所有注解和尺寸都以相同大小显示（无论是否缩放）。
- "仅在生成此项的视图上显示项目"选项：选中该复选框后，仅在模型的方向与添加注解时的方向一致时才显示注解。旋转零件或选择不同的视图方向会将注解从显示中移除。
- "显示注解"选项：选中该复选框后，可显示过滤器中选定的所有注解类型。对装配体而言，此选项不仅对属于装配体的注解适用，也对显示在个别零件文档中的注解适用。
- "为所有零部件使用装配体设定"选项：选中该复选框后，可让所有注解的显示采用装配体文档的设定，而忽略个别零件文档的设定。除此选项之外再设置显示装配体注解，可显示不同组合的注解。
- "隐藏悬空尺寸和注解"选项：对于零件或装配体，选中该复选框后，可隐藏由已删除特征得出的参考工程图中的悬空尺寸和注解，以及从抑制的特征得出的悬空参考尺寸。对于工程图，选中该复选框后，可隐藏悬空注解。
- "在工程图中为 HLR/HLV 使用模型颜色"选项：选中该复选框后，可在 HLR/HLV 模式下查看工程图中的零件或装配体的模型颜色。此设置覆盖"工具"|"选项"|"系统选项"|"颜色"中的颜色，但任何指定的图层都将覆盖此设置。

5. "单位"选项

该选项用来指定激活的零件装配体或工程图文件所使用的线性单位类型和角度单位类型，如图 1-28 所示。其中，"单位系统"选项组用来设置文件的单位系统。如果选中"自定义"单选按钮，则会激活其余选项。

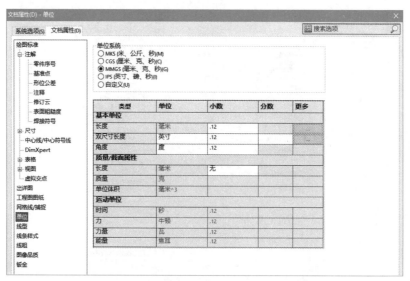

图 1-28 "单位"选项

系统默认各单位的小数位数为 2，如果将对话框中长度单位的小数位数设置为 1，则图形中尺寸标注的小数位数将改变为 1 位。

任务拓展

1.2.4　SolidWorks 2014 新增功能

1. 高级形状控制

使用新增的"样式曲线"功能更快且更轻松地生成复杂几何体，更好、更简单地控制样条曲线几何体的曲率；新增的圆锥圆角控制可为圆角生成更平滑的过渡。

2. 草图增强功能

替换草图实体、添加第一个尺寸时，设定草图和草图图片比例，二维样条曲线的固定长度尺寸，多个草图实体（皮带、链条、缆线、周边等）的路径长度尺寸；通过更强大可靠的草图功能更快且更轻松地进行概念化和设计。

3. 增强的装配体性能和可视化

通过新增的关联"快速配合"工具栏更快地创建装配体；剖面视图包含或排除所选零部件；显著提高的剖面视图性能；使用异型孔向导创建零件槽口特征并通过新增"槽口配合"功能加快装配体生成；在爆炸步骤中添加旋转，这样零件将自动旋转；更快且更轻松地生成和查看装配体。

4. 新增钣金特征

新增钣金角撑板特征改进了钣金边角处理控制；钣金放样折弯包括压弯制造所需的信息；通过改进的制造数据输出更快地生成钣金几何体。

5. 出详图速度更快

创建角度运行尺寸，为表中的行数设置自动限制；在不丢失参考的情况下将零件工程图转变为装配体工程图；槽口标注注释；绘制详图的速度更快且自动化程度更高。

项目小结

本项目让读者认识了 SolidWorks，该软件是一款功能强大、易学易用的三维建模软件，已应用于机械加工、电气设计、教学、造船、消费品设计等多个行业。在 SolidWorks 中能够创建三维模型，同时由这些模型装配成部件或构件并生成相应的工程图。SolidWorks 中采用的是尺寸驱动，可以由草图尺寸来随意地改变模型尺寸。同时，SolidWorks 也提供了强大的自定义功能来适应不同的使用者，如自定义操作界面、自定义绘图标准等。

思考与练习答案

思考与练习

一、选择题

1. SolidWorks 中零件的模板文件是（　　）。

A. *.prtdot　　　　B. *.asmdot　　　　C. *.drwdot　　　　D. *.sldprt

2. 草图状态下默认的 4 笔势包括尺寸标注、直线、矩形和（　　）。

A. 多边形　　　　B. 椭圆　　　　C. 倒角　　　　D. 圆

3. 若屏幕上没有显示命令管理器，可以通过（　　）来实现。

A. 选择"工具"｜"自定义"命令，打开"自定义"对话框，选中"激活命令管理器"复选框，单击"确定"按钮

B. 右击窗口边界，在弹出的快捷菜单中选择"命令管理器"命令

C. 右击图形区域，在弹出的快捷菜单中选择"命令管理器"命令

4. 下述 CAD/CAM 过程的操作中，属于 CAD 范畴的是（　　）。

A. CAPP　　　　B. CIMS　　　　C. FMS　　　　D. 几何造型

二、填空题

1. SolidWorks 可以新建零件、_____和_____三种文件。

2. 工具栏用于控制零部件的管理、移动、_____及配合。

3. _____位于 SolidWorks 窗口的左侧，它提供了激活零件、装配体或工程图的大纲视图，可以很方便地查看模型或装配体的构造情况，或者查看工程图中的不同图纸和视图。

4. 选择菜单栏中的"_____"｜"_____"命令，或在工具栏区域右击，并在弹出的快捷菜单中选择"_____"命令，可以按照用户的要求设置工具栏。

三、简答题

1. 利用打开的 SolidWorks 界面，简单介绍它是由哪几部分组成的。

2. 简单介绍 SolidWorks 中常用的工具栏，并熟悉如何新建一个 SolidWorks 文件。

3. 简单介绍在 SolidWorks 中如何设置系统选项。

工业机器人上下料工作站夹持夹具设计

在 SolidWorks 中，创建实体模型时都是先创建二维草图，然后通过特征工具用二维草图生成三维模型。二维草图是利用直线、圆弧、矩形等命令进行绘制的，草图的位置和大小是通过尺寸和几何关系来确定的。最常见的特征工具命令是拉伸、旋转、孔等。在工业机器人上下料工作站中，最常见的夹具安装在工业机器人的末端，并靠汽缸来提供动力，夹紧物体，以实现物体的装夹。本项目将完成一个简单的气动夹具的部分零件建模。

知识目标

- 了解草图绘制的原理和方法。
- 掌握直线、圆、圆弧、矩形等草图绘制命令的使用方法。
- 掌握草图约束的种类和使用方法。
- 掌握尺寸的修改方法。
- 了解创建模型的原理和方法。
- 掌握拉伸、旋转、孔等基本特征的使用方法。

技能目标

- 掌握直线、圆、圆弧、矩形等草绘命令的操作方法和技巧。
- 掌握草图约束的操作方法和技巧。
- 掌握尺寸标注及修改的操作方法和技巧。
- 掌握三维模型的创建方法和技巧。
- 掌握创建基准特征的操作方法和技巧。
- 掌握拉伸、旋转、孔等基本特征的操作方法和技巧。

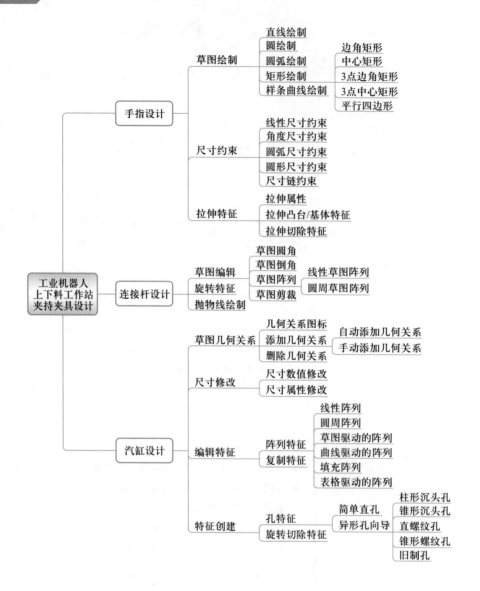

任务 1　手指设计

任务分析

本任务要完成如图 2-1 所示夹持夹具的末端执行器——手指的设计。该零件的主体由底座、台阶孔等组成，通过直线、圆弧等草绘命令和拉伸、拉伸切除等建模命令可以完成。通过本任务的学习，读者能掌握建模的基本方法和步骤，并能熟练使用直线、圆弧、拉伸、拉伸切除等命令，完成对简单零件的建模。

相关知识

2.1.1　直线草绘命令

直线工具的调用方法主要有三种。

• "草图"工具栏方式：单击"草图"工具栏中的"直线"按钮 ■ 或"中心线"按钮 ■ 。

• 菜单方式：选择菜单栏中的"工具"|"草图绘制实体"|"直线"或"中心线"命令。

• 属性管理器切换方式：在"插入线条"属性管理器（如图 2-2 所示）中，通过选中或取消选中"作为构造线"复选框的方式来切换直线与中心线的绘制。

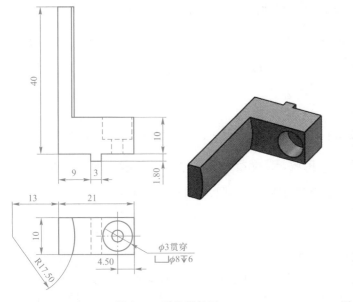

图 2-1　手指零件图

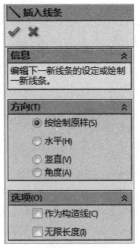

图 2-2　"插入线条"属性管理器

绘制直线和中心线的方法如下。

（1）绘制直线：单击"草图"工具栏中的"直线"按钮，在图形区域使用"单击-单击"或"单击-拖动"模式绘制直线。

（2）绘制中心线：单击"草图"工具栏中"直线"按钮右侧的下拉按钮，在弹出的下拉列表中单击"中心线"按钮，绘制方法与绘制直线相同。

"插入线条"属性管理器中的选项如下。

- "按绘制原样"选项：绘制直线时，可以绘制任意直线。
- "水平"选项：只能绘制水平直线。
- "竖直"选项：只能绘制竖直直线。
- "角度"选项：可以绘制与起始方向成一定角度的直线。
- "作为构造线"选项：在绘制直线时，直接转变为构造线。
- "无限长度"选项：绘制没有长度限制的直线。

教学课件
圆命令

2.1.2　圆草绘命令

圆工具的调用方法主要有三种。

- "草图"工具栏方式：单击"草图"工具栏中的"圆"按钮 ⊘ 或"周边圆"按钮 ⊕。
- 菜单方式：选择菜单栏中的"工具"｜"草图绘制实体"｜"圆"或"周边圆"命令。
- 属性管理器切换方式：在"圆"属性管理器中选择不同的圆工具。

圆绘制一般分为两种：圆和周边圆。

1. 圆

单击工具栏中的"圆"按钮 ⊘，移动鼠标至图形区域，鼠标指针变成"笔"状 🖊，移动鼠标至圆心位置处，单击并拖动鼠标，这时在图形区域中会显示出将要绘制的圆预览，指针旁提示圆的半径，鼠标移至适当位置处再次单击，便可完成圆的绘制，如图2-3所示。

2. 周边圆

单击工具栏中"圆"按钮右侧的下拉按钮 ⊘ ·，在弹出的下拉列表中单击"周边圆"按钮 ⊕，移动鼠标至图形区域，鼠标指针变成"笔"状 🖊，通过单击鼠标，确定圆上的第1、2、3点，从而绘制出所需要的圆，如图2-4所示。

教学课件
圆弧命令

2.1.3　圆弧草绘命令

圆弧工具的调用方法主要有三种。

- "草图"工具栏方式：单击"草图"工具栏中的三种圆弧工具按钮。
- 菜单方式：选择"工具"｜"草图绘制实体"菜单下的三种圆弧工具菜单项。
- 属性管理器切换方式：在"圆弧"属性管理器中选择不同的圆弧工具。

圆弧绘制一般分为三种：圆心/起点/终点圆弧、切线圆弧和3点圆弧。

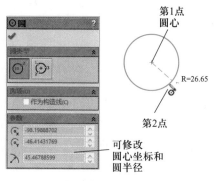

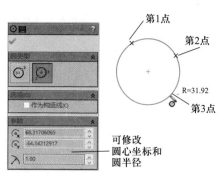

图 2-3 圆绘制过程 　　　　图 2-4 周边圆绘制过程

1. 圆心/起点/终点圆弧

单击"草图"工具栏中的"圆心/起/终点画弧"按钮 ⊙，移动鼠标至图形区域，鼠标指针变成"笔"状，单击确定圆弧中心；移动鼠标并单击设定圆弧的半径及圆弧起点；在圆弧上单击来确定其终点位置，如图 2-5 所示。

2. 切线圆弧

单击"草图"工具栏中的"切线弧"按钮 つ，移动鼠标至图形区域，鼠标指针变成"笔"状，在直线、圆弧、椭圆或样条曲线的端点单击，拖动圆弧以绘制所需的形状，如图 2-6 所示。

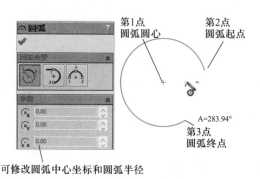

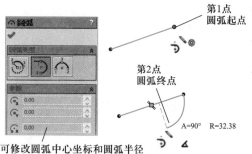

图 2-5 圆弧绘制过程 　　　　图 2-6 切线圆弧绘制过程

3. 3 点圆弧

单击"草图"工具栏中的"3 点圆弧"按钮 ⊕，移动鼠标至图形区域，鼠标指针变成"笔"状，单击确定圆弧的起点位置，拖动圆弧到结束位置释放鼠标，拖动圆弧以设置圆弧的半径，如图 2-7 所示。

教学课件
矩形命令

2.1.4 矩形草绘命令

矩形工具的调用方法主要有三种。

- "草图"工具栏方式：单击"草图"工具栏中的五种矩形工具按钮。
- 菜单方式：选择"工具"|"草图绘制实体"菜单下的五种矩形工具菜单项。

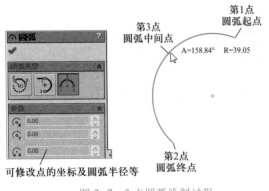

第1点
圆弧起点

第3点
圆弧中间点

A=158.84°   R=39.05

第2点
圆弧终点

可修改点的坐标及圆弧半径等

图 2-7   3 点圆弧绘制过程

• 属性管理器切换方式：在"矩形"属性管理器中选择不同的矩形工具。

矩形一般具有五种基本形式：边角矩形、中心矩形、3 点边角矩形、3 点中心矩形与平行四边形。

1. 边角矩形

单击"草图"工具栏中的"边角矩形"按钮，移动鼠标至图形区域，鼠标指针变成"笔"状，在合适位置单击，确定边角矩形的第 1 点，移动鼠标到合适位置并单击，确定边角矩形的第 2 点，然后释放鼠标，如图 2-8 所示。这时可以根据需要确定是否添加几何关系，或转化为构造线，或修改矩形参数，最后单击"确定"按钮退出。

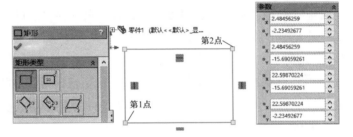

图 2-8   边角矩形绘制过程

2. 中心矩形

单击"草图"工具栏中的"中心矩形"按钮，移动鼠标至图形区域，鼠标指针变成"笔"状。单击确定中心矩形的中心点，拖动鼠标并单击，确定矩形的一个顶点，从而确定矩形的形状，如图 2-9 所示。这时可以根据需要确定是否添加固定的几何关系，或转化为构造线，或修改矩形参数，最后单击"确定"按钮退出。

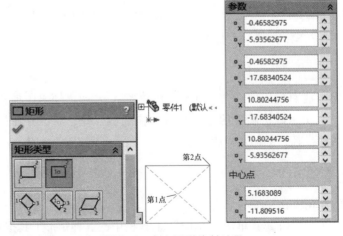

图 2-9   中心矩形绘制过程

3. 3 点边角矩形

单击"矩形"属性管理器中的"3 点边角矩形"按钮，移动鼠标至图形区域，鼠标指针变成"笔"状，先后单击图形区域的 3 个点，依次确定矩形的 3 个点，从而完成 3 点边角矩形的绘制，如图 2-10 所示。这时可以根据需要确定是否添加固定的几何关系，或转化为构造线，或修改矩形参数，最后单击"确定"按钮退出。

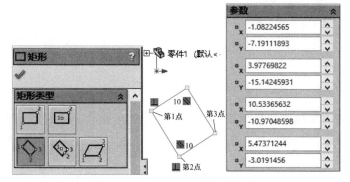

图 2-10　3 点边角矩形绘制过程

4. 3 点中心矩形

单击"矩形"属性管理器中的"3 点中心矩形"按钮，移动鼠标至图形区域，鼠标指针变成"笔"状，先在合适的位置单击确定矩形的中心点，再拖动鼠标，在合适的方向上单击，从而确定矩形的方向，最后拖动鼠标确定矩形的大小，如图 2-11 所示。这时可以根据需要确定是否添加固定的几何关系，或转化为构造线，或修改中心点等矩形参数，最后单击"确定"按钮退出。

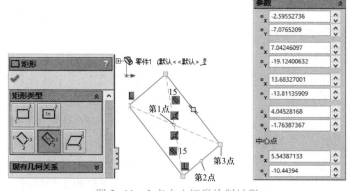

图 2-11　3 点中心矩形绘制过程

5. 平行四边形

单击"矩形"属性管理器中的"平行四边形"按钮，移动鼠标至图形区域，鼠标指针变成"笔"状，先单击确定平行四边形的起点，再拖动鼠标确定平行四边形的一边，最后拖动鼠标，在合适的方向上单击，确定平行四边形的大小和形状，如图 2-12 所示。这时可以根据需要确定是否添加固定的几何关系，或转化为构造线，或修改平行四边形的顶点参数，最后单击"确定"按钮退出。

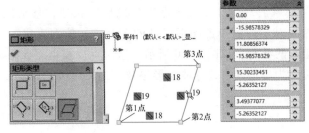

图 2-12　平行四边形绘制过程

2.1.5　尺寸约束

教学课件
尺寸约束

虚拟实训
尺寸约束

　　添加到工程图文件中的尺寸属于参考尺寸，并且是从动尺寸。不能通过编辑参考尺寸的数值来更改模型。然而，当更改模型的标注尺寸时，参考尺寸值也会更改。默认情况下，参考尺寸显示在括号中。

　　1. 线性尺寸约束

　　如果要在工程图中添加平行尺寸，其操作步骤如下。

　　（1）单击"草图"工具栏中的"智能尺寸"按钮 ◆，或者选择菜单栏中的"工具"|"标注尺寸"|"智能尺寸"命令。

　　（2）单击需标注尺寸的几何体，在模型周围移动鼠标时，会显示尺寸的预览。根据指针相对于附加点的位置，系统将自动捕捉适当的尺寸类型。

　　（3）当预览显示为所需的尺寸类型时，单击以放置尺寸。

　　（4）如有必要，在修改框中设定数值，然后单击"确定"按钮 ✔，即可在工程图中添加尺寸。

　　给工程图添加线性尺寸约束的实例如图 2-13 所示。

　　2. 角度尺寸约束

　　如果要在工程图中标注角度尺寸，其操作步骤如下。

　　（1）单击"草图"工具栏中的"智能尺寸"按钮 ◆。

　　（2）选择形成夹角的两条直线，会出现如图 2-14 所示的 3 种情况。

　　（3）当预览显示为所需角度尺寸时，单击以放置尺寸。也可在预览显示为所需角度尺寸时，右击锁定尺寸。

提示
如果要直接标注水平尺寸或竖直尺寸，还可以选择菜单栏中的"工具"|"标注尺寸"|"水平尺寸"或"垂直尺寸"命令，对应的工具按钮分别为 ⊞ 及 ⊡。

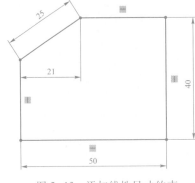

图 2-13　添加线性尺寸约束

　　（4）如有必要，在出现的修改框中设定好数值，然后单击"确定"按钮 ✔，即可完成角度尺寸的标注。

　　3. 圆弧尺寸约束

　　如果要标注圆弧尺寸，其操作步骤如下。

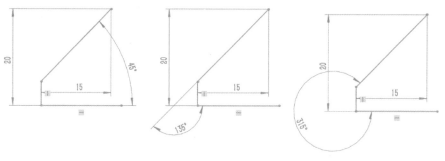

图 2-14　角度尺寸约束预览

（1）单击"草图"工具栏中的"智能尺寸"按钮。

（2）在图形区域选择圆弧以及圆弧的两个端点。

（3）当鼠标移动到所需位置时，单击以放置尺寸。

（4）如有必要，在修改框中设定尺寸的数值，然后单击"确定"按钮，完成尺寸标注，效果如图 2-15 所示。

图 2-15　添加圆弧尺寸约束

提示
标注圆弧尺寸时，默认尺寸类型为半径；如要标注圆弧的实际长度，应选择圆弧及其两个端点。

4. 圆形尺寸约束

在草图中标注圆形尺寸的操作步骤如下。

（1）单击"草图"工具栏中的"智能尺寸"按钮。

（2）在图形区域选择圆，此时会出现标注尺寸预览。

（3）当预览处于所需位置时，单击以放置尺寸。

（4）如有必要，在出现的修改框中设定尺寸的数值，然后单击"确定"按钮，即可完成圆形尺寸的标注。

圆形尺寸可以以一定角度放置，显示径向尺寸；也可以水平或竖直放置，如图 2-16所示。

如要将水平或竖直尺寸倾斜，可单击尺寸，当鼠标指针变为形状时，拖动文字上的控标，将尺寸倾斜，如图 2-17 所示。

如要将圆形尺寸标注形式由线性改为径向，可右击该尺寸，从弹出的快捷菜单中选择"属性"命令，在尺寸属性对话框中取消选中"显示为线性尺寸"复选框。

5. 尺寸链约束

在草图中标注尺寸链的操作步骤如下。

（1）单击"智能尺寸"工具栏中的、、按钮之一。

（2）在图形区域选择图形。

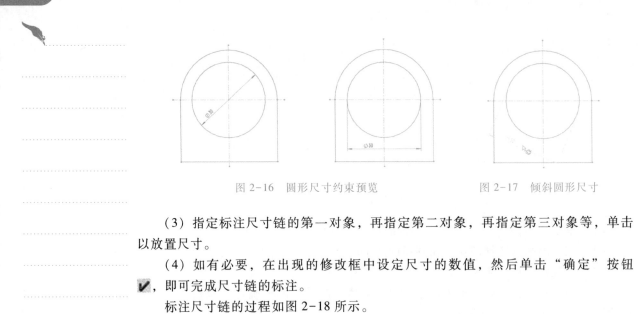

图 2-16　圆形尺寸约束预览　　　　　图 2-17　倾斜圆形尺寸

（3）指定标注尺寸链的第一对象，再指定第二对象，再指定第三对象等，单击以放置尺寸。

（4）如有必要，在出现的修改框中设定尺寸的数值，然后单击"确定"按钮✔，即可完成尺寸链的标注。

标注尺寸链的过程如图 2-18 所示。

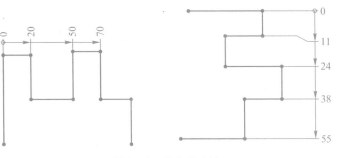

图 2-18　标注尺寸链

2.1.6　拉伸特征

🎧教学课件
拉伸特征

要创建一个零件模型，首先要创建零件的基础特征。基础特征是一个零件的主要结构特征，创建什么样的特征作为零件的基础特征比较重要，一般是由设计者根据产品的设计意图和零件的特点灵活掌握的。

拉伸特征是将截面草图沿着指定的方向（一般是沿着垂直于截面的方向）拉伸而形成的实体特征。拉伸可以是拉伸凸台/基体、拉伸切除或薄壁。

在 SolidWorks 中，拉伸特征是最基本也是最常见的类型，具有相同截面、有一定长度的实体（如长方体、圆柱体等）都可以用拉伸来形成。

图 2-19 所示为利用拉伸特征创建的零件实例。

在 SolidWorks 中可以对开环或闭环草图进行拉伸。如果草图是开环的，拉伸凸台/基体特征命令只能够将其拉伸为薄壁，如图 2-20（a）所示；如果草图是闭环的，既可以将其拉伸为实体特征，也可以将其拉伸为薄壁特征，如图 2-20（b）所示。

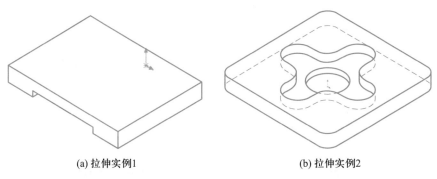

(a) 拉伸实例1   (b) 拉伸实例2

图 2-19　拉伸零件实例

1. 拉伸属性

利用草图绘制命令生成将要拉伸的草图，并使其处于激活状态。单击"特征"工具栏中的"拉伸凸台/基体"按钮 ，或选择菜单栏中的"插入"|"凸台/基体"|"拉伸"命令，系统弹出"凸台-拉伸"属性管理器，如图 2-21 所示。

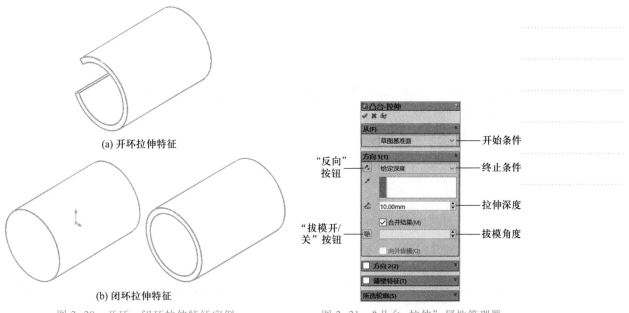

(a) 开环拉伸特征

(b) 闭环拉伸特征

图 2-20　开环、闭环拉伸特征实例

图 2-21　"凸台-拉伸"属性管理器

打开实例源文件"拉伸特征基本要素实体"。

（1）"从"面板：用于设置拉伸的开始条件包括如下几种。

- 草图基准面：从草图所在的基准面开始拉伸，如图 2-22（a）所示。
- 曲面/面/基准面：从曲面、面或基准面之一开始拉伸，如图 2-22（b）所示。
- 顶点：从选择的顶点开始拉伸，如图 2-22（c）所示。
- 等距：从与当前草图基准面等距的位置开始拉伸，如图 2-22（d）所示。

（2）"方向 1"面板。

① 设置拉伸的终止条件类型（拉伸的终止条件决定特征延伸的方式），根据需

实例源文件
拉伸特征基本
要素实体

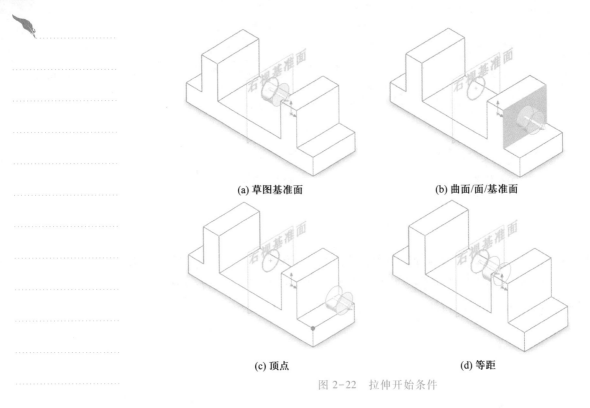

(a) 草图基准面   (b) 曲面/面/基准面

(c) 顶点   (d) 等距

图 2-22   拉伸开始条件

要可以单击"反向"按钮 ⤡，得到与预览中所示方向相反的延伸特征，终止条件包括如下几种。

- 给定深度：从草图的基准面以指定的距离延伸特征，如图 2-23（a）所示。

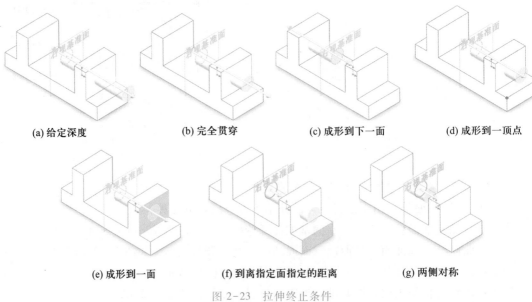

(a) 给定深度   (b) 完全贯穿   (c) 成形到下一面   (d) 成形到一顶点

(e) 成形到一面   (f) 到离指定面指定的距离   (g) 两侧对称

图 2-23   拉伸终止条件

- 完全贯穿：从草图的基准面拉伸特征，直到贯穿所有现有的几何体，如

图 2-23（b）所示。

　　● 成形到下一面：从草图的基准面拉伸特征到下一面（隔断整个轮廓）以生成特征，如图 2-23（c）所示。

　　● 成形到一顶点：从草图基准面拉伸特征到一个平面，这个平面平行于草图基准面且穿越指定的顶点，如图 2-23（d）所示。

　　● 成形到一面：从草图的基准面拉伸特征到所选的曲面以生成特征，如图 2-23（e）所示。

　　● 到离指定面指定的距离：从草图的基准面拉伸特征到距离某一面或曲面为指定距离处以生成特征，如图 2-23（f）所示。

　　● 成形到实体：从草图的基准面延伸特征至指定的实体，常用于装配体中。

　　● 两侧对称：从草图基准面向两个方向对称拉伸特征，如图 2-23（g）所示。

　　② ⬈（拉伸方向）：在图形区域中选择方向向量，向垂直于草图轮廓的方向拉伸草图。

　　③ 🔼（深度）：设定拉伸的深度尺寸。

　　④ "拔模开/关"按钮 🔲：新增拔模到拉伸特征。使用时需要设定拔模角度，还可以根据需要选择向外或向内拔模，如图 2-24 所示。

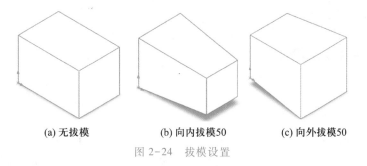

(a) 无拔模　　　　　(b) 向内拔模50　　　　　(c) 向外拔模50

图 2-24　拔模设置

　　⑤ "反侧切除"选项：该选项仅限于拉伸的切除（图 2-21 中并未出现），表示移除轮廓外的所有材质，默认情况下，材料从轮廓内部移除，如图 2-25 所示。

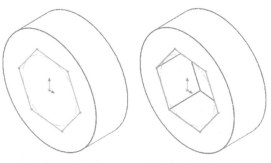

(a) 绘制的草图轮廓　　(b) 未 "反侧切除" 的特征图形　　(c) "反侧切除" 的特征图形

图 2-25　反侧切除设置

　　⑥ "与厚度相等"选项：该选项仅限于钣金零件（图 2-21 中并未出现），表示自动将拉伸凸台的深度链接到基体特征的厚度。

（3）"方向 2"面板：设定选项以同时从草图基准面往两个方向拉伸特征，"方向 2"面板中的选项和"方向 1"面板中的相同。

（4）"薄壁特征"面板：如图 2-26 所示，可以控制拉伸厚度 （不是深度 ）。薄壁特征基体可用作钣金零件的基础。

① "类型"选项：用于设定薄壁特征拉伸的类型。

- 单向：设定从草图以一个方向（向外）拉伸的厚度。

- 两侧对称：设定同时以两个方向从草图拉伸的厚度。

- 双向：对两个方向分别设定不同的拉伸厚度，即方向 1 厚度和方向 2 厚度。

② （厚度）：设置薄壁的厚度。

③ "顶端加盖"选项：如果生成的是一个闭环的轮廓草图，可选中该复选框，为薄壁特征拉伸的顶端加盖，生成一个中空的零件，如图 2-27（a）所示，同时必须指定加盖厚度 。

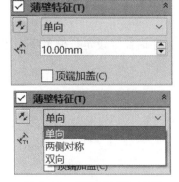

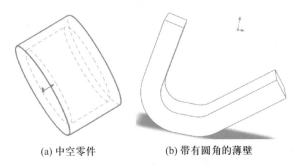

(a) 中空零件　　(b) 带有圆角的薄壁

图 2-26　"薄壁特征"面板　　　　　图 2-27　顶端加盖及自动加圆角设置

④ "自动加圆角"选项：如果生成的是一个开环的轮廓草图，可选中该复选框，表示在每一个具有直线相交夹角的边线上生成圆角，如图 2-27（b）所示，同时必须指定圆角半径 。

（5）"所选轮廓"面板：允许使用部分草图来生成拉伸特征。在图形区域中选择的草图轮廓和模型边线将显示在"所选轮廓"面板中。

2. 创建拉伸凸台/基体特征

【实例】创建如图 2-19（a）所示零件。

（1）选择前视基准面作为草图绘制平面，绘制如图 2-28 所示草图。

图 2-28　绘制拉伸特征草图

虚拟实训
拉伸特征

（2）单击"特征"工具栏中的"拉伸凸台/基体"按钮 ，或从菜单栏中选择"插入"|"凸台/基体"|"拉伸"命令，系统弹出"凸台-拉伸"属性管理器。

（3）设置属性管理器。开始条件为"草图基准面"，终止条件为"给定深度"，深度值设定为 30 mm，如图 2-29（a）所示。

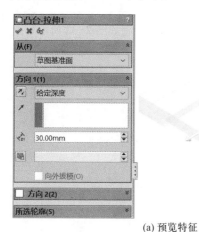

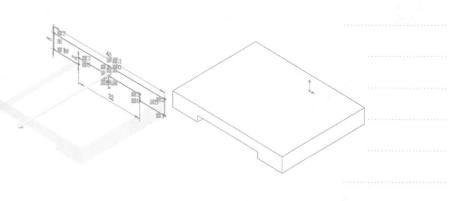

(a) 预览特征　　　　　　(b) 完成的特征

图 2-29　创建凸台-拉伸特征

（4）参数设置无误后，单击"确定"按钮 ，完成特征的创建，如图 2-29（b）所示。

3. 创建拉伸切除特征

拉伸切除特征与拉伸凸台/基体特征的创建方法基本一致，只不过拉伸凸台/基体是增加实体，而拉伸切除是减去实体。

【实例】创建如图 2-19（b）所示零件。

（1）打开素材文件"拉伸切除实例源文件"，如图 2-30（a）所示，选择板的顶面作为草图绘制平面，绘制如图 2-30（b）所示草图。

实例源文件
拉伸切除实例
源文件

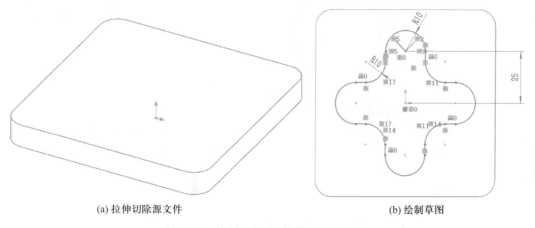

(a) 拉伸切除源文件　　　　　　(b) 绘制草图

图 2-30　绘制"切除-拉伸 1"的草图

（2）单击"特征"工具栏中的"拉伸切除"按钮，或从菜单栏中选择"插

入"|"切除"|"拉伸"命令，系统弹出"切除-拉伸"属性管理器。

（3）设置属性管理器。开始条件为"草图基准面"，终止条件为"给定深度"，深度值设定为 6 mm，如图 2-31（a）所示。

（4）参数设置无误后，单击"确定"按钮，完成"切除-拉伸 1"特征的创建，如图 2-31（b）所示。

（5）选择"切除-拉伸 1"特征的底面作为草图绘制平面，绘制如图 2-32 所示草图。

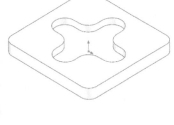

(a) 设置属性管理器   (b) 完成的"切除-拉伸1"特征

图 2-31　生成"切除-拉伸 1"特征

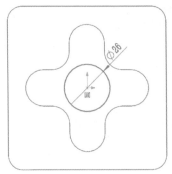

图 2-32　绘制"切除-拉伸 2"的草图

（6）设置属性管理器。开始条件为"草图基准面"，终止条件为"完全贯穿"，如图 2-33（a）所示。

（7）参数设置无误后，单击"确定"按钮，完成零件的创建，如图 2-33（b）所示。

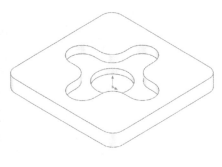

(a) 设置属性管理器   (b) 完成的"切除-拉伸2"特征

图 2-33　生成"切除-拉伸 2"特征

任务实施

2.1.7　绘制基体

（1）选择"文件"|"新建"命令，弹出"新建 SolidWorks 文件"对话框，在对

话框中单击"零件"按钮，然后单击"确定"按钮，如图 2-34 所示。

（2）在设计树中选择"前视基准面"选项，单击"草图"工具栏中的"草图绘制"按钮 ，进入草图绘制状态。

（3）单击"草图"工具栏中的"直线"按钮 ，绘制如图 2-35 所示草图。

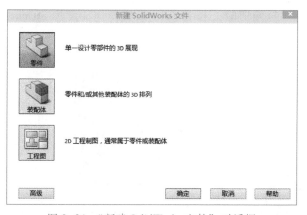

图 2-34　"新建 SolidWorks 文件"对话框

图 2-35　草图 1

（4）单击"草图"工具栏中的"智能尺寸"按钮 ，给草图添加尺寸，如图 2-36 所示。

（5）单击"特征"工具栏中的"拉伸凸台/基体"按钮 ，设置终止条件为"两侧对称"，拉伸深度为 10 mm，如图 2-37 所示。

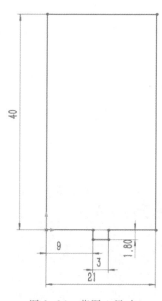

图 2-36　草图 1 尺寸

图 2-37　拉伸 1

提示
绘制草图时可以使用草图命令的快捷键或者鼠标笔势提高作图效率。

2.1.8　切除基体

（1）单击选中基体的上表面，单击"草图"工具栏中的"草图绘制"按钮 ，进入草图绘制状态。单击"标准视图"工具栏中的"正视于"按钮 或按快捷键 Ctrl+8，正视于草绘平面，便于作图。

（2）单击"草图"工具栏中的"直线"按钮 和"圆心/起/终点画弧"按钮 ，绘制如图2-38所示草图。

（3）单击"特征"工具栏中的"拉伸切除"按钮 ，设置拉伸深度为30 mm，如图2-39所示。

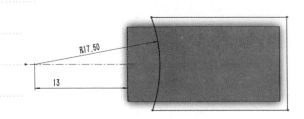

图2-38   草图2

图2-39   切除-拉伸1

2.1.9   切除台阶孔

（1）单击选中刚切除的表面，如图2-40所示。单击"草图"工具栏中的"草图绘制"按钮 ，进入草图绘制状态。

（2）单击"草图"工具栏中的"圆"按钮 ，绘制如图2-41所示的图形。

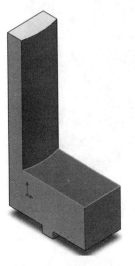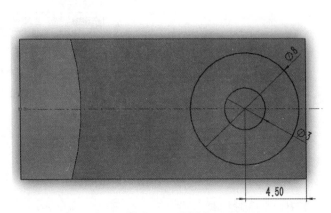

图2-40   草图3平面

图2-41   草图3

（3）单击"特征"工具栏中的"拉伸切除"按钮 🔲，设置终止条件为"完全贯穿"，所选轮廓为 $\phi3$ mm 的圆，如图 2-42 所示。

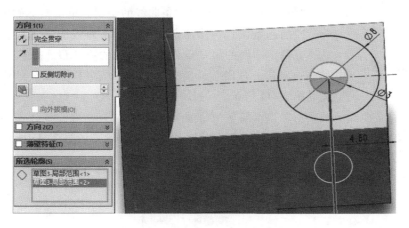

图 2-42   切除-拉伸 2

（4）展开刚完成的"切除-拉伸 2"，选中"草图 3"，单击"特征"工具栏中的"拉伸切除"按钮 🔲，设置终止条件为"给定深度"，切除深度为 6 mm，如图 2-43 所示。

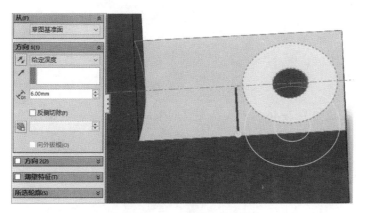

图 2-43   切除-拉伸 3

任务拓展

2.1.10   样条曲线草绘命令

样条曲线工具的调用方法主要有三种。

- "草图"选项卡方式：单击"草图"工具栏中的样条曲线工具按钮。
- 菜单方式：选择"工具"|"草图绘制实体"菜单下的样条曲线工具菜单项。

样条曲线具体分为样条曲线、样式曲线、方程式驱动曲线三类，下面主要介绍样条曲线的操作步骤。

图 2-44 样条曲线的绘制

（1）样条曲线的绘制：单击"草图"工具栏中的"样条曲线"按钮 ，移动鼠标至图形区域，鼠标指针变成"笔"状，即可开始样条曲线的绘制。单击鼠标确定样条线的起始位置，移动鼠标拖出样条曲线的第 1 段，单击鼠标确定曲线的第 2 点，拖出曲线的第 2 段，依次单击鼠标确定其余各段。最后，按 Esc 键结束样条曲线的绘制，如图 2-44 所示。

（2）样条曲线的调整：单击并拖动样条曲线上的控制点，可改变样条曲线的形状；拖动控制点两端的左右控标，也可调整样条曲线的形状，如图 2-45 所示。

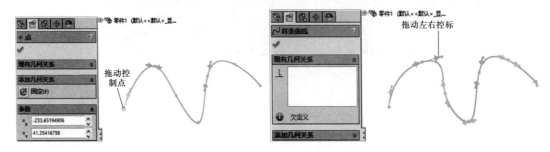

图 2-45 样条曲线的调整

任务 2 连接杆设计

任务分析

本任务要完成如图 2-46 所示夹持夹具的末端执行器——连接杆的设计。该零件

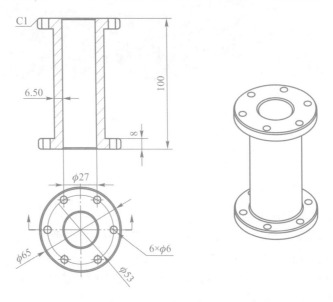

图 2-46 连接杆零件图

用来连接运动部件的末端和汽缸，其主体由底座、孔等组成，通过直线、倒角、圆角、阵列等草绘命令和旋转、拉伸切除等特征命令可以完成。通过学习本任务，读者能掌握建模的基本方法，能熟练使用直线、草图倒角和圆角、草图阵列、旋转、拉伸切除等命令完成简单零件的建模。

相关知识

2.2.1　草图圆角和倒角

1. 绘制圆角

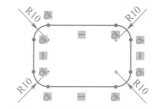

虚拟实训
绘制圆角

绘制圆角工具可裁剪掉两个草图实体交叉处的角部，生成一个与两个草图实体都相切的圆弧，其在二维草图和三维草图中均可使用。

实例源文件
圆角源文件

打开实例源文件"圆角源文件"，绘制圆角的操作过程如下。

（1）在绘制草图状态下，单击"草图"工具栏中的"绘制圆角"按钮，或选择菜单栏中的"工具"|"草图工具"|"绘制圆角"命令，此时会弹出"绘制圆角"属性管理器，如图 2-47 所示。

（2）在"绘制圆角"属性管理器中，设置圆角半径。

① 圆角半径：设置圆角半径，其自动与该系列圆角中第一个圆角具有相同的几何关系。

② 保持拐角处约束条件：选中该复选框，将保留虚拟交点；取消选中该复选框，且顶点具有尺寸或几何关系时，将会询问是否想在生成圆角时删除这些几何关系。

③ 标注每个圆角的尺寸：选中该复选框，可将尺寸添加到每个圆角上，如图 2-48 所示；取消选中该复选框，会在圆角之间添加相等的几何关系。

（3）设置好"绘制圆角"属性管理器后，单击两条直线或图形中的顶点，再单击"绘制圆角"属性管理器中的"确定"按钮，完成圆角的绘制，如图 2-49 所示。

图 2-47　"绘制圆角"
　　　　属性管理器

图 2-48　选中"标注每个圆角的尺寸"复选框

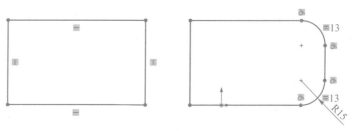

图 2-49　绘制圆角的过程

提示

对两个非交叉的草
图实体执行绘制圆
角命令后，草图实
体将被拉伸，边角
被圆角化处理，如
图2-50所示。

图2-50　对不交叉直线绘制圆角的效果

2. 绘制倒角

虚拟实训
绘制倒角

绘制倒角工具可将倒角应用到相邻的实体中，此工具在二维草图和三维草图中均可使用。

实例源文件
倒角源文件

打开实例源文件"倒角源文件"，绘制倒角的操作过程如下。

（1）在草图编辑状态下，单击"草图"工具栏中的"绘制倒角"按钮 ，或选择菜单栏中的"工具"|"草图工具"|"绘制倒角"命令，此时会弹出"绘制倒角"属性管理器，如图2-51所示。

（2）在"绘制倒角"属性管理器中，设置倒角的方式及尺寸。

① 角度距离：选中该单选按钮，设置倒角的距离和倒角角度，如图2-52中的倒角1所示。

图2-51　"绘制倒角"属性管理器

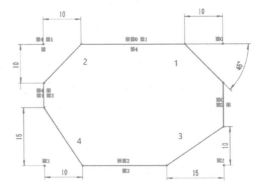

图2-52　不同设置时倒角的效果

② 距离-距离：选中该单选按钮，如果设置两个倒角的距离相等（选中"相等距离"复选框），如图2-52中的倒角2所示；如果设置两个倒角的距离不相等（取消选中"相等距离"复选框），则选择不同草图实体的次序不同，其绘制的倒角也不一样，如图2-52中的倒角3和4所示。

提示

以距离-距离方式
绘制倒角时，先
选择的草图实体
的倒角距离为属
性管理器中的D1，
后选择的草图实
体的倒角距离为
属性管理器中
的D2。

（3）设置好"绘制倒角"属性管理器后，选择两条直线，单击"绘制倒角"属性管理器中的"确定"按钮 ，完成倒角的绘制。

2.2.2　草图阵列

阵列是将草图实体沿一个或两个轴复制生成多个排列图形。阵列有两种方式：一种是线性草图阵列，另一种是圆周草图阵列。

1. 线性草图阵列

打开实例源文件"线性草图陈列源文件",绘制线性草图陈列的操作过程如下。

虚拟实训
草图线性阵列

实例源文件
线性草图阵列
源文件

(1) 在草图编辑状态下,单击"草图"工具栏中的"线性草图阵列"按钮 ▦ ,或选择菜单栏中的"工具"|"草图工具"|"线性阵列"命令,此时弹出"线性阵列"属性管理器,如图 2-53 所示,同时鼠标指针变为 ▶ 形状。

(2) 在"线性阵列"属性管理器中,设置阵列参数。

① "方向 1" 面板。

- ⤢ (反向):单击该按钮可以变换 X 方向阵列的方向。

- ⤡ (间距):表示 X 方向阵列的草图间的距离。设置后可选中"标注 X 间距"复选框来标注 X 方向阵列的间距。

- ⚬# (实例数):表示 X 方向阵列草图的数目。设置后可选中"显示实例记数"复选框来显示 X 方向阵列草图的数目。

- ⌐A1 (角度):利用它可以设置阵列的旋转角度。

② "方向 2" 面板:其中各选项的含义与"方向 1" 面板中的选项一样,在此不再重复。

③ "要阵列的实体"面板:通过鼠标在图形区域选择要阵列的草图实体。

(3) 设置好"线性阵列"属性管理器后,单击"线性阵列"属性管理器中的"确定"按钮 ✓ ,完成草图的线性阵列,如图 2-54 所示。

图 2-53　"线性阵列"
　　　　属性管理器

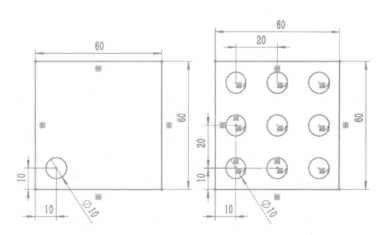

图 2-54　绘制线性草图阵列的过程

2. 圆周草图阵列

打开实例源文件"圆周草图阵列源文件",绘制圆周草图阵列的操作过程如下。

（1）在草图编辑状态下,单击"草图"工具栏中的"圆周草图阵列"按钮 ,或选择菜单栏中的"工具"│"草图工具"│"圆周阵列"命令,此时弹出"圆周阵列"属性管理器,如图 2-55 所示,同时鼠标指针变为 形状。

（2）在"圆周阵列"属性管理器中,设置阵列参数。

选择"要阵列的实体"列表框,然后在图形区域中选择要阵列的几何实体,在"参数"面板的 （反向）列表框中选择圆周阵列的中心,在 （实例数）微调框中输入要阵列的个数。

（3）设置好"圆周阵列"属性管理器后,单击"圆周阵列"属性管理器中的"确定"按钮 ,完成草图的圆周阵列,如图 2-56 所示。

图 2-55　"圆周阵列"属性管理器

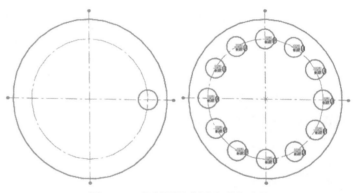

图 2-56　绘制圆周草图阵列的过程

2.2.3　草图剪裁

草图剪裁是常用的草图编辑命令。执行草图剪裁命令时,根据剪裁草图实体的不同,可以在"剪裁"属性管理器中选择不同的剪裁模式。

打开实例源文件"草图剪裁源文件",剪裁实体的操作过程如下。

（1）在草图编辑状态下,单击"草图"工具栏中的"剪裁实体"按钮 ,或选择菜单栏中的"工具"│"草图工具"│"剪裁实体"命令,此时弹出"剪裁"属性管理器,如图 2-57 所示。

（2）在"剪裁"属性管理器中,设置剪裁模式。

① 强劲剪裁:通过将鼠标拖过每个草图实体来剪裁草图实体。

② 边角:剪裁两个草图实体,直到它们在虚拟边角处相交。

③ 在内剪除:选择两个边界实体,然后选择要裁剪的实体,剪裁位于两个边界

实体内的草图实体。

④ 在外剪除：剪裁位于两个边界实体外的草图实体。

⑤ 剪裁到最近端：将一个草图实体剪裁到最极端交叉实体。

（3）根据提示，对草图实体进行剪裁。

（4）剪裁完成后，单击"剪裁"属性管理器中的"确定"按钮 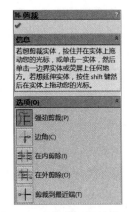，完成草图实体的剪裁，如图 2-58 所示。

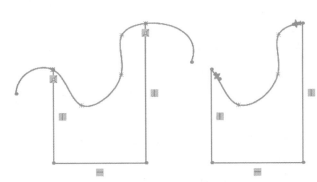

图 2-57　"剪裁"属性管理器　　　　　　图 2-58　剪裁实体的过程

2.2.4　旋转特征

旋转特征是将截面草图绕着一条轴线旋转而生成的实体特征，适用于构造回转体零件。旋转可以是旋转凸台/基体、旋转切除、旋转薄壁或曲面等。

实体旋转特征的草图可以包含一个或多个闭环的非相交轮廓。对于包含多个轮廓的基本旋转特征，其中一个轮廓必须包含所有其他轮廓。薄壁或曲面旋转特征的草图只能包含一个开环或闭环的非相交轮廓，轮廓不能与中心线交叉。如果草图包含一条以上的中心线，则选择一条中心线用作旋转轴。

旋转特征应用比较广泛，是比较常用的特征建模工具，主要用于环形零件、球形零件、轴类零件及形状规则的轮毂类零件的建模，如图 2-59 所示。

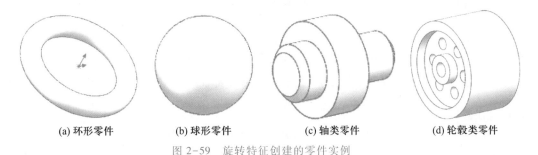

(a) 环形零件　　　　(b) 球形零件　　　　(c) 轴类零件　　　　(d) 轮毂类零件

图 2-59　旋转特征创建的零件实例

1. 创建旋转特征的一般步骤

（1）单击 SolidWorks "标准"工具栏中的"新建"按钮 📄，或选择菜单栏中的"文件"|"新建"命令，在弹出的"新建 SolidWorks 文件"对话框中单击"零件"

按钮及"确定"按钮，进入 SolidWorks 零件设计环境。

（2）选择一个基准面（系统默认三个基准面：上视基准面、右视基准面及前视基准面）作为草绘平面，绘制草图，完成后单击"退出草图"按钮。

图 2-60   "旋转"
属性管理器

（3）在草图激活状态下，单击"特征"工具栏中的"旋转凸台/基体"按钮，或选择菜单栏中的"插入"｜"凸台/基体"｜"旋转"命令，系统弹出如图 2-60 所示的"旋转"属性管理器。

（4）设置"旋转"属性管理器（设置旋转参数）。

① 旋转轴：选择所绘草图中的一条中心线、直线或边线作为生成旋转特征的回转轴线。

② 旋转类型：根据需要可以单击"反向"按钮得到与预览中所示方向相反的旋转特征。

● 单向：草图向一个方向旋转到指定角度，如图 2-61（a）所示。如果想要向相反方向旋转，可单击"反向"按钮。

● 两侧对称：草图以所在平面为轴，分别向两个方向旋转相同的角度，如图 2-61（b）所示。

● 两个方向：需要选中"方向 2"复选框，从草图基准面开始向两个方向旋转不同的角度，如图 2-61（c）所示。

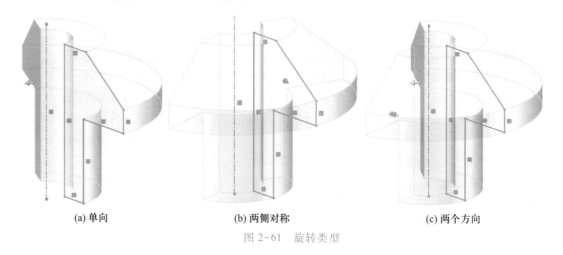

(a) 单向   (b) 两侧对称   (c) 两个方向

图 2-61   旋转类型

③ 旋转角度：在"角度"文本框中输入旋转角度。

④ 如果要生成薄壁特征，可选中"薄壁特征"复选框，并设定薄壁旋转参数。使用"薄壁特征"面板（如图 2-62 所示）可以控制拉伸厚度（不是深度），薄壁特征基体可用作钣金零件的基础。

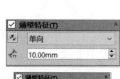

图 2-62   薄壁特征面板

"类型"选项用于设定薄壁特征拉伸的类型，其下拉列表中包括如下选项。

● 单向：设定从草图以一个方向（向外）拉伸的厚度。

● 两侧对称：设定同时以两个方向从草图拉伸的厚度。

● 双向：对两个方向分别设定不同的拉伸厚度，即方向 1 厚度  和方向 2 厚度 。

⑤ "所选轮廓"面板：当使用多轮廓生成旋转时使用此面板，此时鼠标指针变为 ，将指针指在图形区域中的位置上时，位置改变颜色，单击图形区域中的位置来生成旋转的预览，这时草图的区域出现在 （所选轮廓）框中，用户可以选择任何区域组合来生成单一或多实体零件。

（5）确定创建的旋转凸台/基体特征。单击"旋转"属性管理器中的"确定"按钮 ，完成特征的创建。

2. 凸台旋转

【实例】绘制如图 2-63 所示的乒乓球。

乒乓球为规则薄壁球体，首先应绘制中心线作为旋转轴，然后绘制一个半圆作为旋转的轮廓，最后使用旋转命令生成乒乓球图形。

图 2-63 乒乓球

（1）启动 SolidWorks 2014，单击"标准"工具栏中的"新建"按钮 ，或选择菜单栏中的"文件"|"新建"命令，在弹出的"新建 SolidWorks 文件"对话框中单击"零件"按钮及"确定"按钮，创建一个新的零件文件。

（2）选择前视基准面作为绘制草图的基准面。

（3）单击"草图"工具栏中的"中心线"按钮 ，绘制一条通过原点、长度大约为 60 mm 的中心线；单击"草图"工具栏中的"圆心/起/终点画弧"按钮 ，绘制一个圆心位于原点的半圆，单击"智能尺寸"按钮 ，标注并修改圆弧尺寸为 25 mm，如图 2-64 所示。

（4）旋转实体。单击"特征"工具栏中的"旋转凸台/基体"按钮 ，或选择菜单栏中的"插入"|"凸台/基体"|"旋转"命令，系统弹出如图 2-65 所示的提示对话框。因为乒乓球是空心薄壁实体，单击"否"按钮，系统弹出"旋转"属性管理器。将草图中所绘制的中心线设置为旋转轴，将"薄壁特征"面板中的厚度值设置为 1 mm，薄壁类型设置为"单向"，预览图形如图 2-66 所示。参数设置完成后，单击"旋转"属性管理器中的"确定"按钮 ，完成乒乓球的绘制。

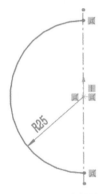

图 2-64 绘制的
乒乓球草图

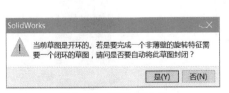

图 2-65 系统提示框

图 2-66 设置后的乒乓球预览图

任务实施

微课
连接杆建模

2.2.5　连接杆建模

（1）选择菜单栏中的"文件"｜"新建"命令，弹出"新建 SolidWorks 文件"对话框，在对话框中单击"零件"按钮，然后单击"确定"按钮。

（2）在设计树中选择"前视基准面"选项，单击"草图"工具栏中的"草图绘制"按钮，进入草图绘制状态，绘制如图 2-67 所示的草图，所有倒角为 C1。

（3）单击"特征"工具栏中的"旋转凸台/基体"按钮，选择中心线为旋转轴，如图 2-68 所示。

（4）选中零件的上表面，单击"草图"工具栏中的"草图绘制"按钮，进入草图绘制状态，绘制如图 2-69 所示的草图。

（5）单击"草图"工具栏中的"圆周草图阵列"按钮，选中"等间距"复选框，设置阵列个数为 6，如图 2-70 所示。

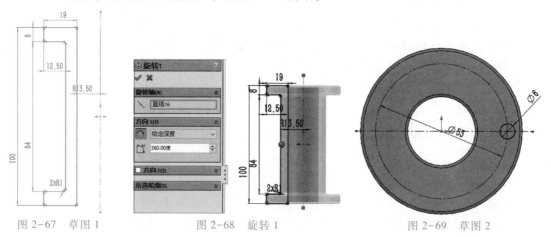

图 2-67　草图 1　　　　图 2-68　旋转 1　　　　图 2-69　草图 2

（6）单击"特征"工具栏中的"拉伸切除"按钮，设置"终止条件"为"完全贯穿"，如图 2-71 所示。

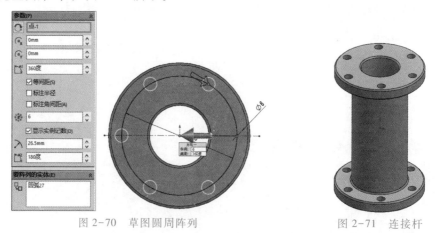

图 2-70　草图圆周阵列　　　　图 2-71　连接杆

任务拓展

2.2.6　绘制抛物线

选择好基准面之后，单击"草图"工具栏中的"抛物线"按钮 ∪，或者选择菜单栏中的"工具"|"草图绘制实体"|"抛物线"命令，指定抛物线的焦点，并拖动以放大抛物线，即可在图形区域加入一个抛物线图形。

在图形区域绘制抛物线的具体操作步骤如下。

（1）执行草图绘制命令中的抛物线命令，此时鼠标指针形状变为 ⅃。

（2）在图形区域的适当位置单击确定抛物线的焦点，开始抛物线的绘制。在确定了抛物线的焦点之后拖动鼠标，抛物线的属性尺寸会动态地显示，如图 2-72 所示。

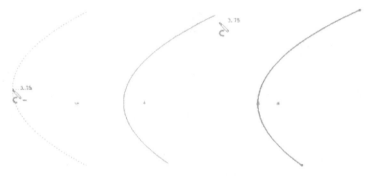

图 2-72　绘制抛物线

（3）移动鼠标并单击来确定抛物线的起点位置。

（4）继续移动鼠标并单击来确定抛物线的终点位置。这样抛物线的范围就绘制完成了。

（5）在打开的草图中选择一条抛物线可以修改抛物线。当指针位于抛物线上时，会变成 ⅄ 形状。

拖动顶点以形成曲线，当选择顶点时指针变成 ⅃ 形状。

① 如要展开曲线，将顶点拖离焦点。在移动顶点时，移动图标出现在指针旁边，效果如图 2-73 所示。

② 如要制作更尖锐的曲线，将顶点拖向焦点。

③ 如要改变抛物线一个边的长度而不修改抛物线的曲线，选择一个端点并拖动，效果如图 2-74 所示。

④ 如要将抛物线移动到新的位置，选择抛物线的曲线并将其拖动到合适的位置。

⑤ 如要修改抛物线两边的长度而不改变抛物线的圆弧，将抛物线拖离端点，效果如图 2-75 所示。

（6）在打开的草图中选择抛物线，在弹出的如图 2-76 所示的"抛物线"属性管理器中设置抛物线的属性。

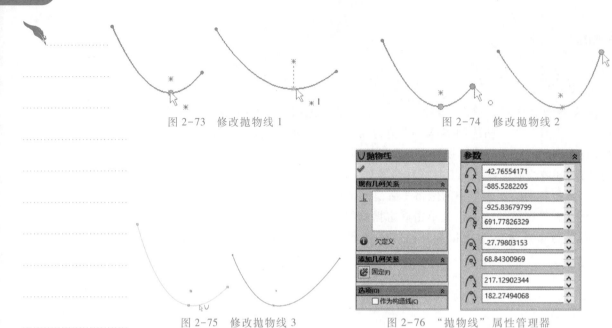

图 2-73   修改抛物线 1   图 2-74   修改抛物线 2

图 2-75   修改抛物线 3   图 2-76   "抛物线"属性管理器

（7）在"添加几何关系"面板中将几何关系添加到所选实体，面板清单中只包括所选实体可能使用的几何关系。

（8）在"选项"面板中选中"作为构造线"复选框，可以将实体转换为构造几何线。

（9）如果直线不受几何关系约束，则可以在"参数"面板中指定以下参数（或额外参数）的任何适当组合来定义直线。

- ：利用该选项可以修改抛物线起始点的 X 坐标。
- ：利用该选项可以修改抛物线起始点的 Y 坐标。
- ：利用该选项可以修改抛物线终止点的 X 坐标。
- ：利用该选项可以修改抛物线终止点的 Y 坐标。
- ：利用该选项可以修改抛物线焦点的 X 坐标。
- ：利用该选项可以修改抛物线焦点的 Y 坐标。
- ：利用该选项可以修改抛物线顶点的 X 坐标。
- ：利用该选项可以修改抛物线顶点的 Y 坐标。

（10）各参数设置结束后，单击"抛物线"属性管理器中的"确定"按钮 ，完成对抛物线参数的修改。

任务 3   汽缸设计

任务分析

本任务要完成如图 2-77 所示夹持夹具的末端执行器——汽缸的设计。该零件是夹持夹具的动力来源，其主体由底座、凹槽、孔等组成，通过直线、圆、镜像等草绘命令和拉伸、阵列、拉伸切除、孔向导等建模命令可以完成。通过本任务的学习，读者能掌握建模的基本方法和步骤，并能熟练使用直线、圆、草图镜像、特征阵列、异型孔向导、拉伸切除等命令，完成中等复杂程度零件的建模。

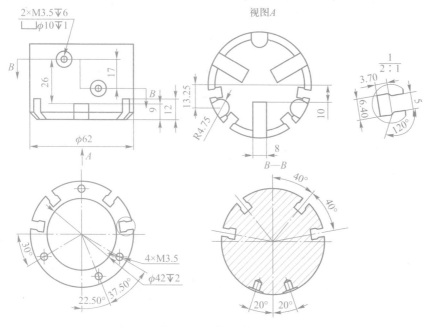

图 2-77 汽缸零件图

相关知识

2.3.1 草图几何关系

草图几何关系用于限制草图元素的行为，从而捕捉设计意图。一些几何关系是系统自动添加的，另一些可以在需要的时候手动添加。

1. 草图几何关系图标

正确认识草图几何关系图标，对正确定义草图元素的几何关系很重要。可通过选择菜单栏中的"视图"|"草图几何关系"命令来控制图形区域中的草图几何关系图标是否显示。图2-78所示为常用的草图几何关系图标。草图几何关系说明如表2-1所示。

图 2-78 常用草图几何关系图标

表 2-1 几何关系说明

几何关系	要执行的实体	所产生的几何关系
水平或竖直	一条或多条直线，两个或多个点	直线会变成水平或竖直（由当前草图的空间定义），而点会水平或竖直对齐
共线	两条或多条直线	直线会位于同一条无限长的直线上

续表

几何关系	要执行的实体	所产生的几何关系
垂直	两条直线	两条直线相互垂直
平行	两条或多条直线	直线相互平行
相等	两条或多条直线，两个或多个圆弧	直线长度或圆弧半径保持相等
中点	一个点和一条直线	点位于线段的中点
重合	一个点和一条直线、一个圆弧或椭圆	点位于直线、圆弧或椭圆上
固定	任何草图元素	草图元素大小和位置被固定
全等	两个或多个圆弧	圆弧会共用相同的圆心和半径
相切	圆弧、椭圆和样条曲线，直线和圆弧，直线和曲线或三维草图中的曲线	保持相切
同心	两个或多个圆弧，一个点和一个圆弧	圆弧共用一圆心，点和圆心重合
交叉点	两条直线和一个点	点位于直线的交叉点处
对称	一条中心线和两个点、直线、圆弧或椭圆	保持与中心线相等距离，并位于一条与中心线垂直的直线上
穿透	一个草图点和一个基准轴、边线、直线或样条曲线	一个草图点与一个基准轴、边线或曲线在草图基准面上穿透的位置重合
合并点	两个草图点或端点	两个点合并成一个点

动画
自动添加几何关系

2. 自动添加草图几何关系

　　自动添加草图几何关系是指在绘图的过程中系统自动添加几何关系。当绘制草图时，鼠标指针更改形状为显示可生成哪些几何关系，选择自动添加几何关系后，将添加几何关系。

　　将自动添加几何关系作为系统的默认设置，可按如下操作步骤进行。

　　(1) 选择菜单栏中的"工具"|"选项"命令，打开"系统选项"对话框。

　　(2) 在左边的区域中单击"草图"下的"几何关系/捕捉"选项，然后在右边的区域中选中"自动几何关系"复选框，如图 2-79 所示，自动添加草图几何关系，如图 2-80 所示。

　　(3) 单击"确定"按钮，关闭对话框。

动画
手动添加几何关系

3. 手动添加草图几何关系

　　在绘制的草图元素中，对于那些无法添加的几何关系，用户可以使用约束工具创建草图元素间的几何关系。

　　用户可按如下操作步骤对几何元素手动添加几何关系。

虚拟实训
手动添加草图
几何关系 (1)

虚拟实训
手动添加草图
几何关系 (2)

　　(1) 单击"尺寸/几何关系"工具栏中的"添加几何关系"按钮 ⊥，或选择菜单栏中的"工具"|"几何关系"|"添加"命令，然后在草图上选择要添加几何关系的实体；也可直接在草图上选择要添加几何关系的实体。

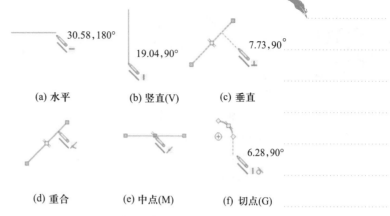

(a) 水平　　　　　(b) 竖直(V)　　　　(c) 垂直

(d) 重合　　　　　(e) 中点(M)　　　　(f) 切点(G)

图 2-79 选中"自动几何关系"复选框　　　　图 2-80 自动添加草图几何关系

（2）此时所选实体会在"添加几何关系"属性管理器的"所选实体"面板中显示，如图 2-81 所示。

（3）状态栏显示所选实体的状态（完全定义或欠定义）。

（4）如果要移除一个实体，在"所选实体"面板中右击该实体，在弹出的快捷菜单中选择"清除选项"命令即可。

（5）在"添加几何关系"面板中单击要添加的几何关系类型（"相切"或"固定"），这时添加的几何关系类型就会出现在"现有几何关系"面板中。

（6）如果要删除添加了的几何关系，可在"现有几何关系"面板中右击该几何关系，在弹出的快捷菜单中选择"删除"命令。

（7）单击"确定"按钮后，几何关系添加到草图实体间，如图 2-82 所示。

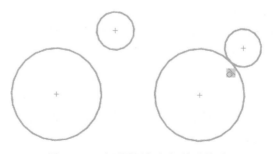

图 2-81 "添加几何关系"属性管理器　　　　图 2-82 对两圆添加相切关系前后

4. 显示/删除几何关系

删除几何关系的两种方法如下。

- 使用"显示/删除几何关系"命令 。

- 当草图元素的几何关系图标处于显示状态时，选中要删除的几何关系图标，按 Delete 键直接删除。

利用"显示/删除几何关系"命令可以显示手动和自动应用到草图实体的几何关系，查看有疑问的特定草图实体的几何关系，并可以删除不再需要的几何关系。此外，还可以通过替换列出的参考引用来修正错误的实体。

如果使用"显示/删除几何关系"命令来显示/删除几何关系，可按如下操作步骤进行。

（1）单击"尺寸/几何关系"工具栏中的"显示/删除几何关系"按钮 ，或选择菜单栏中的"工具"|"几何关系"|"显示/删除几何关系"命令。

（2）弹出"显示/删除几何关系"属性管理器，如图 2-83 所示。

（3）在"几何关系"面板中选择要显示的几何关系。在显示每个几何关系时，会高亮显示相关的草图实体，同时还会显示其状态。在"实体"面板中也会显示草图实体的名称、状态，如图 2-84 所示。

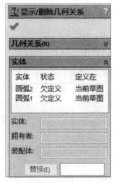

图 2-83　"显示/删除几何关系"属性管理器　　　图 2-84　存在几何关系的实体状态

（4）选中"压缩"复选框，压缩或解除压缩当前的几何关系。

（5）单击"删除"按钮，删除当前的几何关系；单击"删除所有"按钮，删除当前执行的所有几何关系。

2.3.2　尺寸修改

在设计草图的过程中，常常需要修改尺寸，方法如下。

1. 修改尺寸数值

在草图绘制状态下，移动鼠标至需修改数值的尺寸附近，当尺寸被以高亮显示时双击鼠标，弹出如图 2-85 所示的"修改"对话框，在微调框中输入尺寸数值，单击"确定"按钮，可完成尺寸的修改。

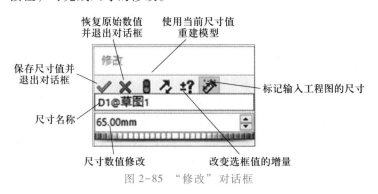

图 2-85　"修改"对话框

2. 修改尺寸属性

尺寸属性是指包含尺寸数值在内的尺寸的特征，如尺寸的箭头类型、公差、显示精度、尺寸的前缀和后缀文字信息等。"尺寸"属性管理器中的"数值"选项卡如图 2-86 所示。"引线"选项卡如图 2-87 所示，不同的箭头样式如图 2-88 所示。"其他"选项卡如图 2-89 所示。

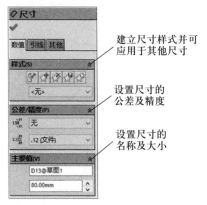

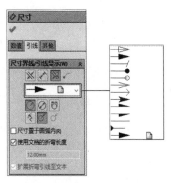

图 2-86　"尺寸"属性管理器的"数值"选项卡　　　图 2-87　"引线"选项卡

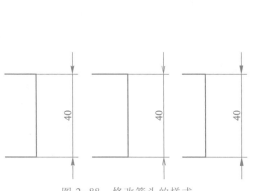

图 2-88　修改箭头的样式　　　　　　　　图 2-89　"其他"选项卡

3. 删除尺寸

如果需要删除某些已经标注的尺寸，则只需单击要删除的尺寸，然后按 Delete 键即可。

2.3.3　阵列特征

阵列特征用于将任意特征作为原始样本特征，通过指定阵列尺寸产生多个类似的子样本特征。阵列特征完成后，原始样本特征和子样本特征成为一个整体，用户可将它们作为一个特征进行相关的操作，如删除、修改等。如果修改了原始样本特征，则阵列中的所有子样本特征也随之更改。

1. 线性阵列

线性阵列是指沿一条或两条直线路径生成多个子样本特征。

创建线性阵列特征的方法如下。

（1）打开实例源文件"线性阵列特征实例"，单击"特征"工具栏中的"线性阵列"按钮 ，或选择菜单栏中的"插入"|"阵列/镜像"|"线性阵列"命令，系统弹出"线性阵列"属性管理器，如图 2-90 所示。

虚拟实训
线性阵列特征

实例源文件
线性阵列特征实例

（2）设置"线性阵列"属性管理器。

①"方向1"面板。

● 阵列方向：指定阵列的方向，单击列表框，然后在图形区域选择模型的一条边线作为阵列的第一个方向，所选边线或尺寸线的名称出现在该列表框中。如果图形区域中表示阵列方向的箭头不正确，可以单击"反向"按钮 ，反转阵列方向。

● （间距）：指定阵列特征之间的距离。

● （实例数）：指定该方向阵列的特征数目（包含原始特征），如图 2-91 所示。

图 2-90　"线性阵列"
属性管理器

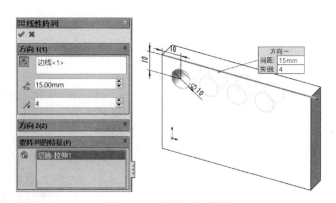

图 2-91　"方向1"设置

②"方向2"面板：如果需要在另外一个方向同时生成线性阵列，则参照"方向

1"面板的设置对"方向 2"面板进行设置，不同的是"方向 2"面板中有一个"只阵列源"选项，选中此项表示在方向 2 中只复制原始样本特征，而不复制方向 1 中生成的其他子样本特征，如图 2-92 所示。

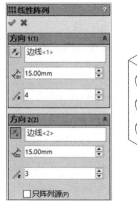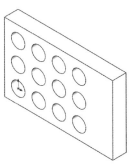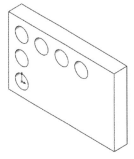

(a) 取消选中"只阵列源"复选框　　　　　　　　(b) 选中"只阵列源"复选框

图 2-92　"方向 2"设置

③ "要阵列的特征"面板：可对特征（切除、孔或凸台等）进行阵列，特征可直接在图形区域中选取。

④ "要阵列的面"面板：可对零件上的面进行阵列。

⑤ "要阵列的实体"面板：可对整个零件实体进行阵列。

⑥ "可跳过的实例"面板：如果需要跳过某个阵列子样本特征，可在此面板中单击 右侧的列表框，并在图形区域中选择想要跳过的某个阵列特征，这些特征将显示在该列表框中，如图 2-93 所示。

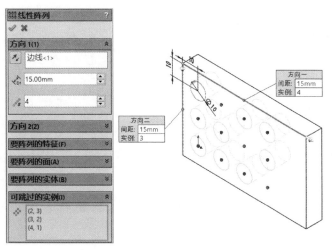

图 2-93　"可跳过的实例"设置

⑦ "变化的实例"面板：选中"变化的实例"复选框可设置沿两个方向生成阵列特征时的距离增量，每增加一个实例数，距离在前一个距离的基础上增加一个增量数

值，如图 2-94 所示。

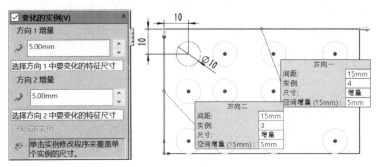

图 2-94 "变化的实例"设置

（3）设置完成后，单击"线性阵列"属性管理器中的"确定"按钮 ，完成线性阵列特征的创建。

2. 圆周阵列

圆周阵列是指绕一个轴心以圆周路径生成多个子样本特征。在创建圆周阵列特征之前，首先要选择一个中心轴，中心轴可以是基准轴或者临时轴。图 2-95 所示为采用了圆周阵列的零件模型。

创建圆周阵列特征的方法如下。

虚拟实训
圆周阵列特征

（1）打开实例源文件"圆周阵列特征实例"。

实例源文件
圆周阵列特征
实例

（2）选择菜单栏中的"视图"|"临时轴"命令，显示临时轴（由模型中的圆柱或圆锥隐含生成）。

（3）单击"特征"工具栏中的"圆周阵列"按钮 ，或选择菜单栏中的"插入"|"阵列/镜像"|"圆周阵列"命令，系统弹出"圆周阵列"属性管理器，如图 2-96 所示。

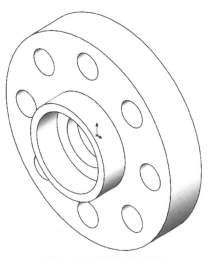

图 2-95 圆周阵列实例

图 2-96 "圆周阵列"属性管理器

（4）设置"圆周阵列"属性管理器。

①"参数"面板。

● 阵列轴：指定阵列中心，单击列表框，然后在图形区域选择一个中心轴作为阵列中心，所选中心轴的名称出现在该列表框中。如果图形区域中表示阵列方向的箭头不正确，可以单击"反向"按钮 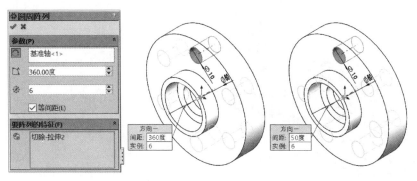，反转阵列方向。

● ▦（角度）：指定阵列特征之间的角度。如果所有的阵列特征均匀分布在整个圆周上，则选中"等间距"复选框，则总角度将默认为 360°；如果所有的阵列特征均匀分布在部分圆周上，则需要指定阵列特征之间的角度。

● ⬡（特征数）：指定阵列的特征数目（包含原始特征），如图 2-97 所示。

图 2-97　创建圆周阵列实例

②"要阵列的特征"面板：可对特征（切除、孔或凸台等）进行阵列，特征可直接在图形区域中选取。

③"要阵列的面"面板：可对零件上的面进行阵列。

④"要阵列的实体"面板：可对整个零件实体进行阵列。

⑤"可跳过的实例"面板：如果需要跳过某个阵列子样本特征，可在此面板中单击 ⬡ 右侧的列表框，并在图形区域中选择想要跳过的某个阵列特征，这些特征将显示在该列表框中。

⑥"变化的实例"面板：选中"变化的实例"复选框可设置沿两个方向生成阵列特征时的角度增量，每增加一个实例数，角度在前一个角度的基础上增加一个增量角度，如图 2-98 所示。

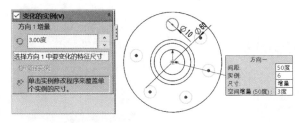

图 2-98　"变化的实例"设置

（5）设置完成后，单击"圆周阵列"属性管理器中的"确定"按钮 ✅，完成圆周阵列特征的创建。

提示

阵列的中心可以是基准轴或临时轴，也可以是圆柱面的外圆面或内孔表面，此时圆柱面的外圆面或内孔表面的轴线为阵列的中心。

提示

选中"几何体阵列"复选框，则只复制原始样本特征而不对它进行求解，这样可以加速生成及重建模型的速度。但是，如果某些特征的面与零件的其余部分合并在一起，则不能为这些特征生成几何体阵列。

实例源文件

草图驱动的阵列特征实例

3. 草图驱动的阵列

SolidWorks 2014 还可以根据草图上的草图点来安排特征的阵列。用户只要控制草图上的草图点，就可以将整个阵列扩散到草图中的每个点。

创建草图驱动的阵列特征的方法如下。

（1）打开实例源文件"草图驱动的阵列特征实例"。

（2）选取如图 2-99（a）所示的表面作为草图绘制平面，绘制如图 2-99（b）所示的驱动阵列的草图点。

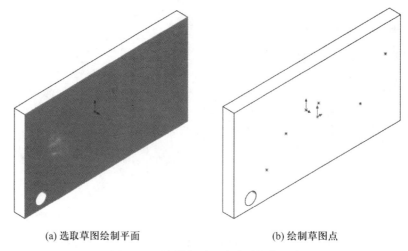

(a) 选取草图绘制平面　　　　　　　　(b) 绘制草图点

图 2-99　绘制草图驱动阵列的草图点

（3）单击"特征"工具栏中的"草图驱动的阵列"按钮 ，或选择菜单栏中的"插入"|"阵列/镜像"|"草图驱动的阵列"命令，系统弹出"由草图驱动的阵列"属性管理器，如图 2-100 所示。

（4）设置"由草图驱动的阵列"属性管理器，预览生成阵列，如图 2-101 所示。

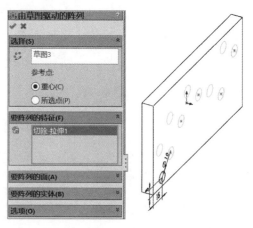

图 2-100　"由草图驱动的阵列"属性管理器　　　　　图 2-101　创建由草图驱动的阵列

①"选择"面板。

- 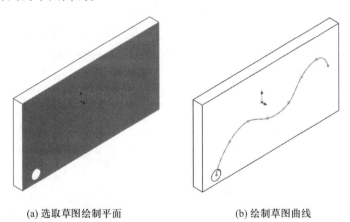（参考草图）：指定驱动阵列所需要的参考草图。

- 参考点：指定驱动阵列的参考点。

  ◆ 重心：如果选中该单选按钮，则使用原始样本特征的重心作为参考点。

  ◆ 所选点：如果选中该单选按钮，则在图形区域选择参考顶点。可以使用原始样本特征的重心、草图原点、顶点。

②"要阵列的特征"面板：可对特征（切除、孔或凸台等）进行阵列，特征可直接在图形区域中进行选取。

③"要阵列的面"面板：可对零件上的面进行阵列。

④"要阵列的实体"面板：可对整个零件实体进行阵列。

（5）设置完成后，单击"由草图驱动的阵列"属性管理器中的"确定"按钮，完成草图驱动阵列特征的创建。

4. 曲线驱动的阵列

曲线驱动的阵列是指沿平面曲线或者空间曲线生成的阵列实体。

创建曲线驱动的阵列特征的方法如下。

（1）打开实例源文件"曲线驱动的阵列特征实例"。

（2）选取如图 2-102（a）所示的表面作为草图绘制平面，绘制如图 2-102（b）所示的驱动阵列的草图曲线。

> 实例源文件
> 曲线驱动的阵列
> 特征实例

(a) 选取草图绘制平面   (b) 绘制草图曲线

图 2-102 绘制曲线驱动阵列的草图曲线

（3）单击"特征"工具栏中的"曲线驱动的阵列"按钮，或选择菜单栏中的"插入"|"阵列/镜像"|"曲线驱动的阵列"命令，系统弹出"曲线驱动的阵列"属性管理器，如图 2-103 所示。

（4）设置"曲线驱动的阵列"属性管理器，预览生成阵列，如图 2-104 所示。

①"方向 1"面板。

- 阵列方向：指定阵列的方向，选择绘制的草图曲线。如果图形区域中表示阵列方向的箭头不正确，可以单击"反向"按钮，反转阵列方向。

- （实例数）：指定该方向阵列的特征数目（包含原始特征）。选中

图 2-103　"曲线驱动的阵列"属性管理器

实例源文件

填充阵列特征实例

"等间距"复选框则表示在所绘制的草图曲线上等间距生成指定数目的特征。

- （间距）：指定阵列特征之间的距离。

② "方向 2"面板的设置方法与"方向 1"面板基本类似。

③ "要阵列的特征"面板：可对特征（切除、孔或凸台等）进行阵列，特征可直接在图形区域选取。

④ 其余选项的功能与"线性阵列"属性管理器基本类似。

（5）设置完成后，单击"曲线驱动的阵列"属性管理器中的"确定"按钮　，完成曲线驱动阵列特征的创建。

5. 填充阵列

填充阵列是在限定的实体平面或者草图区域中进行的阵列复制。通过填充阵列特征，可以选择由共有平面的面定义的区域或位于共有平面的面上的草图。该命令使用特征阵列或预定义的切割形状来填充定义的区域。

创建填充阵列特征的方法如下。

（1）打开实例源文件"填充阵列特征实例"。

（2）单击"特征"工具栏中的"填充阵列"按钮　，或选择菜单栏中的"插入"|"阵列/镜像"|"填充阵列"命令，系统弹出"填充阵列"属性管理器，如图 2-105 所示。

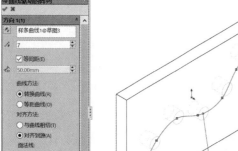

图 2-104　创建曲线驱动的阵列特征　　　　图 2-105　"填充阵列"属性管理器

（3）设置"填充阵列"属性管理器。

① "填充边界"面板：定义要使用阵列填充的区域（可以是整个区域，也可以是一个限定的草图区域）。选择草图、面上的平面曲线、面或共有平面的面。如果使用草图作为边界，可能需要选择阵列方向。

② "阵列布局"面板：确定填充边界内实例的布局方式。

- （穿孔）：需要设置实例间距、交错断续角度、边距及阵列方向，如

图 2-106（a）所示。

- 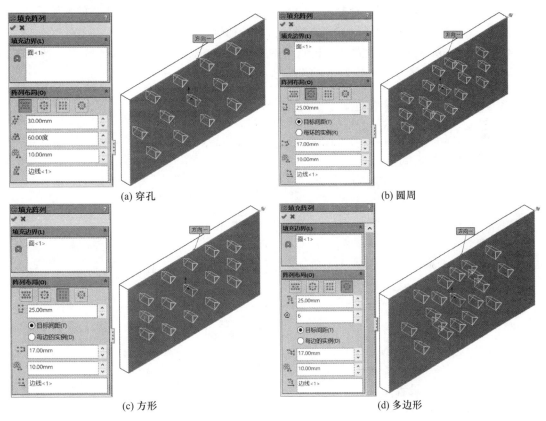（圆周）：需要设置环间距、实例间距（或实例数）、边距及阵列方向，如图 2-106（b）所示。

- （方形）：需要设置环间距、实例间距（或实例数）、边距及阵列方向，如图 2-106（c）所示。

- （多边形）：需要设置环间距、多边形边数、实例间距（或实例数）、边距及阵列方向，如图 2-106（d）所示。

(a) 穿孔 　　　　(b) 圆周

(c) 方形 　　　　(d) 多边形

图 2-106　"阵列布局"设置

③"要阵列的特征"面板：选中"所选特征"单选按钮，可直接选取现有的特征进行阵列；也可选中"生成源切"单选按钮，自定义阵列源特征的切除形状。

④ 其余选项的功能与"线性阵列"属性管理器类似。

（4）设置完成后，单击"填充阵列"属性管理器中的"确定"按钮 ，完成填充阵列特征的创建。

6. 表格驱动的阵列

表格驱动阵列是指添加或检索以前生成的 X-Y 坐标，在模型的面上增添源特征。

创建表格驱动的阵列特征的方法如下。

（1）打开实例源文件"表格驱动的阵列特征实例"。

（2）创建一个参考坐标系。

（3）单击"特征"工具栏中的"表格驱动的阵列"按钮，或选择菜单栏中的"插入"｜"阵列/镜像"｜"表格驱动的阵列"命令，系统弹出"由表格驱动的阵列"对话框，如图2-107所示。

（4）设置"由表格驱动的阵列"对话框。

①"读取文件"：可打开事先保存或者编辑好的坐标系文件。

②"参考点"：参考点可以是一个独立的点，也可以是所选特征的重心点。

③"坐标系"：选择一个事先创建的坐标系作为创建阵列特征的参照系。

④"要复制的特征"：选择现有的特征进行阵列。

⑤点的坐标设置：双击点1的X及Y坐标文本框，输入要阵列的特征坐标值。重复此步骤，输入点2~6的坐标值，如图2-108所示。

图2-107　"由表格驱动的阵列"对话框

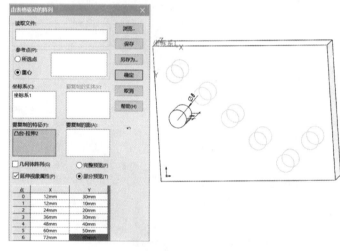

图2-108　创建表格驱动的阵列特征

（5）设置完成后，单击"由表格驱动的阵列"对话框中的"确定"按钮，完成阵列特征的创建。

2.3.4　孔特征

在SolidWorks 2014中，孔特征分为两种：简单直孔和异型孔。应用简单直孔可以生成一个简单的、不需要其他参数修饰的直孔；使用异型孔向导可以生成多参数、多功能的孔，如机械加工中的螺纹孔、锥形孔等。

如果准备生成不需要其他参数的简单直孔，则选择简单直孔特征，否则可以选择异型孔向导。对于生成简单的直孔而言，简单直孔特征可以提供比异型孔向导更好的性能，而异型孔向导可生成具有复杂轮廓的孔，例如柱孔或锥孔。

1. 简单直孔

在模型上插入简单直孔特征的操作步骤如下。

（1）打开实例源文件"简单直孔特征"，在图形零件中选择要生成简单直孔特征的平面。

（2）单击"特征"工具栏中的"简单直孔"按钮 ，或选择菜单栏中的"插入"|"特征"|"孔"|"简单直孔"命令。

（3）此时会出现如图 2-109 所示的"孔"属性管理器，并在图形区域中显示生成的孔特征。

（4）利用"从"面板中的选项为简单直孔特征设定开始条件，其下拉列表中主要包括如下选项。

● "草图基准面"选项：从草图所处的同一基准面开始生成简单直孔。

● "曲面/面/基准面"选项：从选定的曲面、面或基准面之一开始生成简单直孔。使用该选项创建孔特征时，需要为 （曲面/面/基准面）选择一个有效实体。

● "顶点"选项：从为 （顶点）所选择的顶点开始生成简单直孔。

● "等距"选项：从与当前草图基准面等距的基准面开始生成简单直孔。使用该选项创建孔特征时，需要设定等距距离。

（5）在"方向 1"面板的下拉列表中选择终止类型。终止条件主要包括如下几种。

图 2-109 "孔"属性管理器

● "给定深度"选项：从草图的基准面拉伸特征到特定距离以生成特征。选择该选项后，需要在下面的 微调框中指定深度。

● "完全贯穿"选项：从草图的基准面拉伸特征直到贯穿所有现有的几何体。

● "成形到下一面"选项：从草图的基准面拉伸特征到下一面，以生成特征（下一面必须在同一零件上）。

● "生成到一面"选项：从草图的基准面拉伸特征到所选的曲面，以生成特征。

● "到离指定面指定的距离"选项：从草图的基准面拉伸特征到距某面（可以是曲面）特定距离的位置以生成特征。选择该选项后，需要指定特定的面和距离。

● "成形到顶点"选项：从草图基准面拉伸特征到一个平面，这个平面平行于草图基准面且穿越指定的顶点。

（6）利用 （拉伸方向）选项设置除垂直于草图轮廓以外的其他方向的拉伸孔，如图 2-110 所示。

（7）在"方向 1"面板的 微调框中输入孔的直径，确定孔的大小。

（8）如果要给特征添加一个拔模，单击"拔模开关"按钮 ，然后输入拔模角度。

（9）单击"确定"按钮 ，即可完成简单直孔特征的生成。

虽然在模型上生成了简单的直孔特征，但是上面的操作并不能确定孔在模型面上的位置，还需要进一步对孔进行定位。

（10）在模型或特征管理器设计树中，右击孔特征，在弹出的快捷菜单中选择"编辑草图"命令。

（11）单击"草图"工具栏中的"智能尺寸"按钮 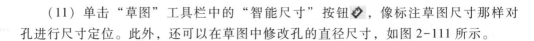，像标注草图尺寸那样对孔进行尺寸定位。此外，还可以在草图中修改孔的直径尺寸，如图 2-111 所示。

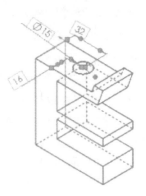

(a) 垂直于草图方向拉伸　　　　(b) 方向向量拉伸

图 2-110　拉伸方向　　　　　　　　　　　图 2-111　孔的定位

（12）单击"确定"按钮，退出草图编辑状态。此时会看到被定位后的孔。

（13）如果要更改已经生成的孔的深度、终止类型等，在模型或特征管理器设计树中右击此孔特征，在弹出的快捷菜单中选择"编辑定义"命令。

（14）在出现的"孔"属性管理器中进行必要的修改后，单击"确定"按钮。

2. 异型孔向导

异型孔包括柱形沉头孔、锥形沉头孔、孔、直螺纹孔、锥形螺纹孔、旧制孔、柱形沉头孔、锥形沉头孔、槽口，如图 2-112 所示，可根据需要选择。

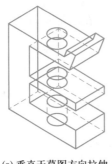

图 2-112　异型孔类型

当使用异型孔向导生成孔时，孔的类型和大小出现在"孔规格"属性管理器中。通过使用异型孔向导可以生成基准面上的孔，或者在平面和非平面上生成孔。生成步骤遵循设定孔类型参数、进行孔的定位以及确定孔的位置 3 个过程。

（1）柱形沉头孔特征。

如果要在模型上生成柱形沉头孔特征，操作步骤如下。

① 打开一个零件文件，在零件上选择要生成柱形沉头孔特征的平面。

② 单击"特征"工具栏中的"异型孔向导"按钮 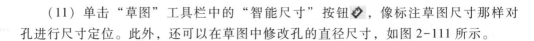，或选择菜单栏中的"插入"|"特征"|"孔"|"向导"命令，即可打开如图 2-113 所示的"孔规格"属性管理器。

③ 选择"孔类型"面板中的 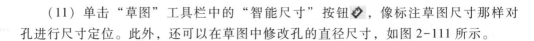（柱形沉头孔），此时的"孔类型"和"孔规格"面板如图 2-114 所示，可设置下列参数。

● "标准"选项：选择与柱形沉头孔连接的紧固件的标准，如 ISO、AnsiMetric、JIS 等。

● "类型"选项：选择与柱形沉头孔对应紧固件的螺栓类型，如六角凹头、六角螺栓、凹肩螺钉、六角螺钉、平盘头十字切槽等。一旦选择了紧固件的螺栓类型，异型孔向导会立即更新对应参数栏中的项目。

● "大小"选项：选择柱形沉头孔对应紧固件的尺寸，如 M5～M64 等。

微课

异型孔简介

微课

异型孔操作

图 2-113   "孔规格"属性管理器

图 2-114   柱形沉头孔的"孔类型"
和"孔规格"面板

● "配合"选项：用来为扣件选择套合，包括关闭、正常、松弛三种，分别对应柱形沉头孔与对应的紧固件配合较紧、正常范围或配合较松散。

④ 根据标准选择柱形沉头孔对应于紧固件的螺栓类型，如 ISO 对应的六角凹头、六角螺栓、凹肩螺钉、六角螺钉、平盘头十字切槽等。

⑤ 根据需要和孔类型在"终止条件"面板中设置终止条件选项。终止条件主要包括"给定深度""完全贯穿""成形到下一面""成形到一顶点""成形到一面""到离指定面指定的距离"。

⑥ 根据需要在如图 2-115 所示的"选项"面板中设置下列参数。

● "螺钉间隙"选项：用于设置螺钉顶部到孔端面间隙值，将把设定值添加到扣件头之上。

● "近端锥孔"选项：用于设置近端口的直径和角度。

● "螺钉下锥孔"选项：用于设置端口底端的直径和角度。

● "远端锥孔"选项：用于设置远端处的直径和角度。

⑦ 如果想自己确定孔的特征，可以在如图 2-116 所示的"自定义大小"面板中设置相关参数。

图 2-115   柱形沉头孔的"选项"面板

图 2-116   柱形沉头孔的"自定义大小"面板

⑧ 设置好柱形沉头孔的参数后，切换至"位置"选项卡，通过鼠标拖动孔的中心到适当的位置，此时鼠标指针变为 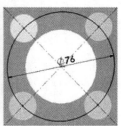 形状。在模型上选择孔的大致位置，如图 2-117 所示。

⑨ 如果需要定义孔在模型上的具体位置，则需要在模型上插入草绘平面，在草图上定位。单击"草图"工具栏中的"智能尺寸"按钮 ◇，像标注草图尺寸那样对孔进行尺寸定位。

⑩ 选择"绘制"工具栏中的"点"按钮 ✳，将鼠标移动到将要钻孔的位置，此时鼠标指针变为 ◤ 形状，拖动鼠标至想要移动的点，如图 2-118 所示。重复上述步骤，便可生成指定位置的柱形沉头孔特征。

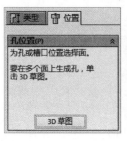

图 2-117　柱形沉头孔位置选择

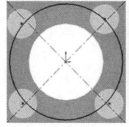

图 2-118　孔位置定义

⑪ 单击"确定"按钮 ✔，即可完成孔的生成与定位，如图 2-119 所示。

（2）锥形沉头孔特征。

锥形沉头孔特征基本与柱形沉头孔类似。在模型上生成锥形沉头孔特征的操作步骤如下。

实例源文件
锥形沉头孔

① 打开实例源文件"锥形沉头孔"，在零件上选择要生成锥形沉头孔特征的平面。

② 单击"特征"工具栏中的"异型孔向导"按钮 ⚙，或选择菜单栏中的"插入"|"特征"|"孔"|"向导"命令，打开"孔规格"属性管理器。

③ 选择"孔类型"面板中的 ▯（锥形沉头孔），此时的"孔类型"和"孔规格"面板如图 2-120 所示。从"标准"下拉列表中选择与锥形沉头孔连接的紧固件标准，如 ISO、AnsiMetric、JIS 等。

④ 根据标准选择锥形沉头孔对应于紧固件的螺栓类型，如 ISO 对应的六角凹头锥孔头、锥形沉头孔平头、锥形沉头孔提升头等。

⑤ 根据条件和孔的类型在"终止条件"面板中设置终止条件选项。

⑥ 根据需要在如图 2-121 所示的"选项"面板中设置下列参数。

• "螺钉间隙"选项：用于设置螺钉间隙值，将使用文档单位把该值添加到扣件头之上。

• "远端锥孔"选项：用于设置远端处的直径和角度。

⑦ 如果想自己确定孔的特征，可以在如图 2-122 所示的"自定义大小"面板中设置相关参数。

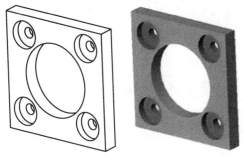

图 2-119　生成柱形沉头孔

图 2-120　锥形沉头孔的"孔类型"和
"孔规格"面板

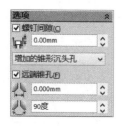

图 2-121　锥形沉头孔的"选项"面板

图 2-122　锥形沉头孔的"自定义大小"面板

⑧ 设置好锥形沉头孔的参数后，切换至"位置"选项卡，通过鼠标拖动孔的中心到适当的位置，此时鼠标指针变为 形状。在模型上选择孔的大致位置，如图 2-123所示。

⑨ 如果需要定义孔在模型上的具体位置，则需要在生成孔特征之前在模型上插入草绘平面，在草图上定位，然后单击"草图"工具栏中的"智能尺寸"按钮 ，像标注草图尺寸那样对孔进行尺寸定位。

⑩ 选择"绘制"工具栏中的"点"按钮 ，将鼠标移动到将要定位的孔的位置，此时鼠标指针变为 形状，拖动鼠标至想要移动的点，重复上述步骤，便可生成指定位置的锥形沉头孔特征。

⑪ 单击"确定"按钮 ，完成孔的生成与定位，如图 2-124 所示。

（3）孔特征。

生成孔特征的基本过程与上述柱形沉头孔、锥形沉头孔一样，其基本操作步骤如下。

① 打开实例源文件"孔特征"，右击选择一个面，此时该面变为绿色，在弹出的快捷菜单中选择"插入草图"命令，如图 2-125 所示。

虚拟实训
孔特征

实例源文件
孔特征

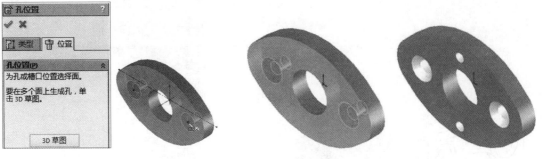

图 2-123　锥形沉头孔位置选择　　　　　　图 2-124　生成锥形沉头孔

②选择"正视于"视角，在草绘平面上绘制需要钻孔的位置，用 ✳ （点）工具选择孔中心位置，并退出草图绘制，孔的位置如图 2-126 所示。

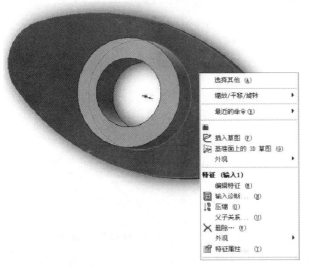

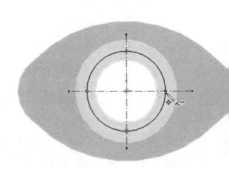

图 2-125　选择"插入草图"命令　　　　　　图 2-126　草图上孔的中心位置

③单击"特征"工具栏中的"异型孔向导"按钮 ，或选择菜单栏中的"插入"|"特征"|"孔"|"向导"命令，打开"孔规格"属性管理器。

④选择"孔类型"面板中的 （孔），此时的"孔类型"和"孔规格"面板如图 2-127 所示，设置其中的各个选项。

⑤根据条件和孔的类型在"终止条件"面板中设置终止条件选项。

⑥根据需要在如图 2-128 所示的"选项"面板中选中"远端锥孔"复选框，设置远端处的直径和角度。

⑦设置好孔的参数后，切换至"位置"选项卡，通过鼠标拖动孔的中心到适当的位置，此时鼠标指针变为 形状，如图 2-129 所示。

⑧单击"确定"按钮 ，完成孔的生成与定位，如图 2-130 所示。

图 2-128　孔的"选项"面板

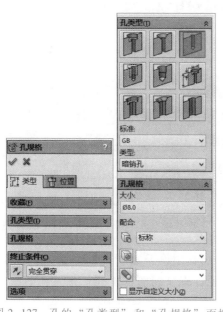

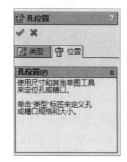

图 2-127　孔的"孔类型"和"孔规格"面板

图 2-129　选择孔位置

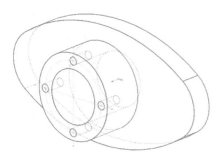
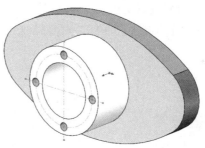

图 2-130　生成孔

（4）直螺纹孔特征。

生成直螺纹孔特征的操作步骤如下。

① 打开一个零件文件，在零件上选择要生成直螺纹孔特征的平面。插入草绘平面，确定直螺纹孔的位置，如图 2-131 所示。

② 单击"特征"工具栏中的"异型孔向导"按钮，或选择菜单栏中的"插入"|"特征"|"孔"|"向导"命令，打开"孔规格"属性管理器。

③ 选择"孔类型"面板中的（直螺纹孔），此时的"孔类型"和"孔规格"面板如图 2-132 所示，可对直螺纹孔的参数进行设置。

④ 在"标准"下拉列表中选择与螺纹孔连接的紧固件标准，如 ISO、DIN 等。

⑤ 选择螺纹类型，如螺纹孔和底部螺纹孔，并在"大小"文本框中输入钻头直径。

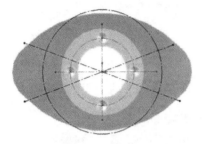

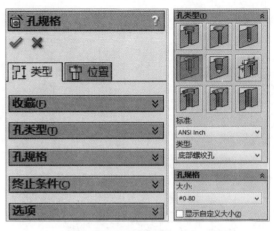

图2-131　确定直螺纹孔的位置　　　图2-132　直螺纹孔的"孔类型"和"孔规格"面板

⑥ 在如图2-133所示的"终止条件"面板中设置螺纹孔的深度，在"螺纹线"选项中设置螺纹线的深度，注意按ISO标准，螺纹线的深度要比螺纹孔的深度至少小4.5 mm以上。

⑦ 在如图2-134所示的"选项"面板中选择装饰螺纹线，选中或取消选中"带螺纹标注"复选框，并设置螺纹线等级。

⑧ 设置好直螺纹孔参数后，切换至"位置"选项卡，选择直螺纹孔安装位置，其操作步骤与柱形沉头孔一样，对直螺纹孔进行定位，生成直螺纹孔特征，如图2-135所示。

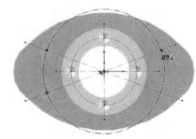

图2-133　直螺纹孔的　　　图2-134　直螺纹孔的"选项"面板　　　图2-135　定位直螺纹孔位置
　　　　"终止条件"面板

⑨ 设置好各选项后，单击"确定"按钮 ，最终生成的直螺纹孔特征效果如图2-136所示。

（5）锥形螺纹孔特征。

锥形螺纹孔特征的参数设置及其生成与直螺纹孔相似，下面简单介绍。

① 在零件上选择将要生成的锥形螺纹孔所在的平面，插入草绘平面，绘制孔的位置。如图2-137所示，在草图上绘制圆，并用点工具设定4个点作为生成锥形螺纹孔的中心位置。

② 单击"特征"工具栏中的"异型孔向导"按钮，或选择菜单栏中的"插

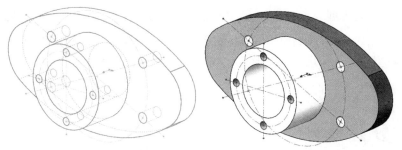

图 2-136　生成直螺纹孔

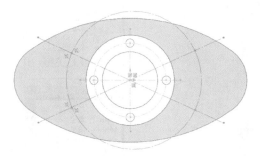

图 2-137　编辑草图

入"|"特征"|"孔"|"向导"命令，打开"孔规格"属性管理器。

③ 选择"孔类型"面板中的 （螺纹孔），对螺纹孔的相关参数进行设置。

④ 设置好锥形螺纹孔参数后，切换至"位置"选项卡，选择孔的安装位置，对锥形螺纹孔进行定位，生成锥形螺纹孔特征。

⑤ 单击"确定"按钮 ✔️，最终生成的锥形螺纹孔特征如图 2-138 所示。

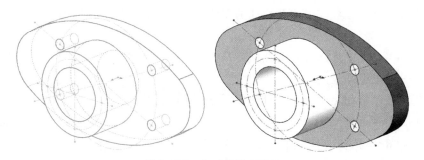

图 2-138　生成锥形螺纹孔

（6）旧制孔特征。

利用"旧制孔"选项可以编辑任何在 SolidWorks 2000 之前版本中生成的孔。选择"旧制孔"后，所有信息（包括图形预览）均以原来生成孔（SolidWorks 2000 之前版本中）时的同一格式显示。

如果要编辑 SolidWorks 2000 之前版本中生成的孔，可按如下步骤进行操作。

① 单击"特征"工具栏中的"异型孔向导"按钮 ，或选择菜单栏中的"插入"|"特征"|"孔"|"向导"命令，打开"孔规格"属性管理器。

② 选择"孔类型"面板中的 （旧制孔），会出现如图 2-139 所示的选项。

③ 在"截面尺寸"面板中，双击对应参数的"数值"栏，就可以对原孔特征进行修改，模型中的特征也会随之改变，如图 2-140 所示。

图 2-139　选择"旧制孔"　　图 2-140　通过"截面尺寸"面板修改孔的参数

④ 必要的话，在"终止条件"面板中重新选择终止条件。

⑤ 切换至"位置"选项卡，将孔中心拖到所需位置，或者根据需要标注中心点尺寸，对旧制孔进行定位，这里不再赘述。

⑥ 单击"确定"按钮 ✅ ，即可完成对旧制孔的编辑。

其余孔特征的创建与上述孔特征的创建基本相同，这里不再赘述。

3. 在基准面上生成孔

在 SolidWorks 中可以将异型孔向导应用到非平面，即生成一个与特征成一定角度的孔——在基准面上的孔。

如果要在基准面上生成孔，可按如下操作步骤进行。

（1）选择菜单栏中的"插入"|"参考几何体"|"基准面"命令，建立基准面。

（2）单击"特征"工具栏中的"异型孔向导"按钮 ⚙ ，或选择菜单栏中的"插入"|"特征"|"孔"|"向导"命令。

（3）在"孔规格"属性管理器中设置异型孔的参数。

（4）切换至"位置"选项卡，用鼠标拖动孔的中心到适当的位置，此时鼠标指针变为 ✐ 形状，在模型上选择孔的大致位置。

（5）单击"草图"工具栏中的"智能尺寸"按钮 ◇ ，如同标注草图尺寸那样对孔进行尺寸定位。

（6）单击"孔规格"属性管理器中的"确定"按钮，完成孔的生成与定位。

最终在基准面上生成的孔特征如图 2-141 所示。

图 2-141　在基准面上生成孔

2.3.5　旋转切除特征

旋转切除特征属于切割特征，其创建方法和选项含义与旋转凸台/基体特征的基本一致，只不过旋转凸台/基体是增加实体，而旋转切除是减去实体。

1. 创建旋转切除特征的一般步骤

（1）利用草图绘制命令生成草图，并使其处于激活状态。

（2）在草图激活状态下，单击"特征"工具栏中的"旋转切除"按钮 ⚙，或选择菜单栏中的"插入"│"切除"│"旋转"命令，系统弹出如图 2-142 所示的"切除-旋转"属性管理器。

（3）设置"切除-旋转"属性管理器（设置旋转参数，设置方法与旋转凸台/基体特征一样）。

图 2-142　"切除-旋转"
属性管理器

① 旋转轴：选择所绘草图中的一条中心线、直线或边线作为生成旋转特征的回转轴线。

② 旋转类型：根据需要可以单击"反向"按钮 🔄 得到与预览中所示方向相反的旋转特征。

③ 旋转角度：在 📐（角度）微调框中输入旋转角度。

④ 如果要生成薄壁特征，可选中"薄壁特征"复选框，设定薄壁旋转参数。

（4）确定创建的旋转切除特征。单击"切除-旋转"属性管理器中的"确定"按钮 ✅，完成特征的创建。

2. 旋转切除实体

【实例】绘制如图 2-143 所示图形中的旋转切除特征 1 和 2。

（1）打开实例源文件"旋转切除特征实例"，如图 2-144 所示。

（2）选择前视基准面作为绘制草图的基准面。

（3）绘制如图 2-145 所示的草图。

（4）旋转切除实体。单击"特征"工具栏中的"旋转切除"按钮 ⚙，或选择菜单栏中的"插入"│"切除"│"旋转"命令，系统弹出"切除-旋转"属性管理器，将旋转轴设置为草图中所绘制的竖实线，预览图形如图 2-146 所示。参数设置完成后，单击"切除-旋转"属性管理器中的"确定"按钮 ✅，完成"切除-旋转1"特征的创建，如图 2-147 所示。

实例源文件
旋转切除特征
实例

提示

图形中的旋转切除特征 1 和 2 为左右对称，绘制时可以先完成一个，再完成另外一个。首先绘制左半边的草图，然后使用旋转切除命令生成旋转切除 1 的图形，最后使用镜像命令或者在右侧绘制与左半边草图相同的草图来完成旋转切除 2 的图形。

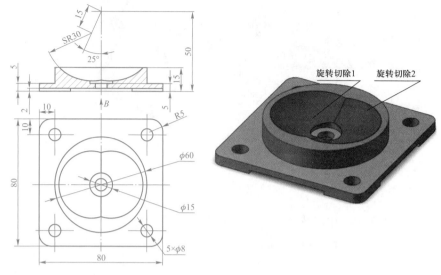

图 2-143　旋转切除特征

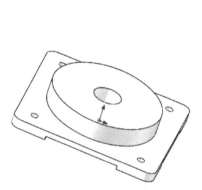

图 2-144　打开实例源文件

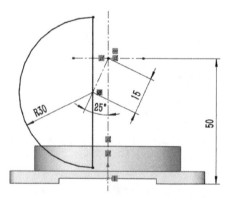

图 2-145　绘制草图

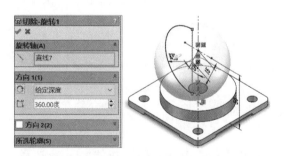

图 2-146　"切除-旋转"属性设置

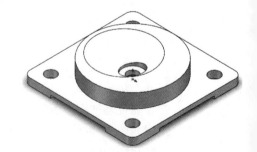

图 2-147　完成的"切除-旋转 1"特征

（5）镜像旋转切除特征。单击"特征"工具栏中的"镜像"按钮 ，或选择菜单栏中的"插入"|"阵列/镜像"|"镜像"命令，系统弹出"镜像"属性管理器，将右视基准面设置为镜像基准面，将"切除-旋转 1"设置为要镜像的特征，预览

图形如图 2-148 所示。参数设置完成后，单击"镜像"属性管理器中的"确定"按
钮 ，完成"切除-旋转 2"特征的创建，如图 2-149 所示。

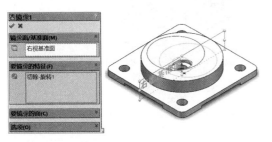

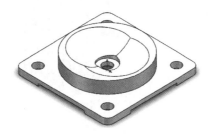

图 2-148　"镜像"属性设置　　　　　　图 2-149　完成的"切除-旋转 2"特征

任务实施

微课
汽缸建模

2.3.6　基体建模

（1）选择菜单栏中的"文件"|"新建"命令，弹出"新建 SolidWorks 文件"对
话框，在对话框中单击"零件"按钮，然后单击"确定"按钮。

（2）在设计树中选择"上视基准面"选项，单击"草图"工具栏中的"草图绘
制"按钮 ，进入草图绘制状态，绘制如图 2-150 所示的草图。

（3）单击"特征"工具栏中的"拉伸凸台/基体"按钮 ，设置"终止条件"
为"给定深度"，拉伸深度为 44 mm，如图 2-151 所示。

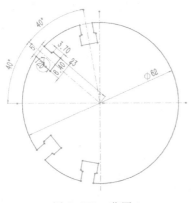

图 2-150　草图 1　　　　　　　　　图 2-151　拉伸 1

（4）单击选中零件的下表面，单击"草图"工具栏中的"草图绘制"按钮 ，
进入草图绘制状态，绘制如图 2-152 所示的草图。

（5）单击"特征"工具栏中的"拉伸切除"按钮 ，设置"终止条件"为
"完全贯穿"，如图 2-153 所示。

（6）单击选中"视图"菜单下的"临时轴"命令，将显示圆柱的轴线，如
图 2-154 所示。

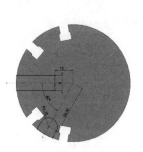
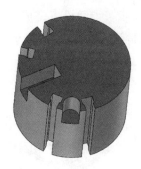

图 2-152　草图 2　　　　　　　　图 2-153　切除-拉伸 1

（7）单击"特征"工具栏中的"圆周阵列"按钮，阵列轴选择"临时轴"，如图 2-155 所示。

图 2-154　临时轴　　　　　　　　图 2-155　圆周阵列 1

2.3.7　孔的创建

（1）单击"特征"工具栏中的"异型孔向导"按钮，孔类型选择"孔"，"标准"选择 GB，"类型"选择"钻孔大小"，"大小"选择"φ4"，"终止条件"选择"给定深度"，并设置深度为 4 mm，位置在零件上表面，如图 2-156 所示。

（2）单击"特征"工具栏中的"异型孔向导"按钮，孔类型选择"孔"，"标准"选择 GB，"类型"选择"螺钉间隙"，"大小"选择 M36，"配合"选择"松弛"，"终止条件"选择"给定深度"，并设置深度为 2 mm，位置在零件上表面圆心，如图 2-157 所示。

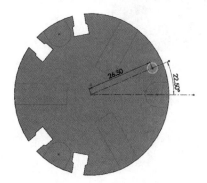

图 2-156　φ4 孔位置　　　　　　　图 2-157　M36 孔

（3）单击"特征"工具栏中的"异型孔向导"按钮🔘，孔类型选择"孔"，"标准"选择 GB，"类型"选择"螺钉间隙"，"大小"选择 M3.5，"配合"选择"松弛"，"终止条件"选择"给定深度"，并设置深度为 7.5 mm，位置在零件上表面，如图 2-158 所示。

（4）单击"特征"工具栏中的"异型孔向导"按钮🔘，孔类型选择"柱形沉头孔"，"标准"选择 GB，"类型"选择"六角头螺栓"，"大小"选择 M3.5，"配合"选择"松弛"，"终止条件"选择"给定深度"，并设置深度为 6 mm，绘制 3D 草图确定位置，如图 2-159 所示。

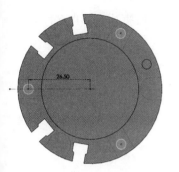
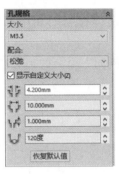
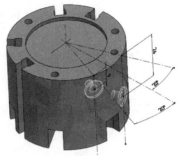

图 2-158　M3.5 间歇孔

图 2-159　M3.5 台阶孔

提示

3D 草图的绘制命令和绘制方法与 2D 草图一致，只是需要使用 Tab 键切换不同的作图平面。

（5）在设计树中选择"右视基准面"选项，单击"草图"工具栏中的"草图绘制"按钮🖉，进入草图绘制状态，绘制如图 2-160 所示的草图。

（6）单击"特征"工具栏中的"旋转切除"按钮🔘，设置旋转轴为 2.3.6 节中第（6）步确定的临时轴，如图 2-161 所示。

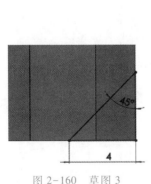

图 2-160　草图 3

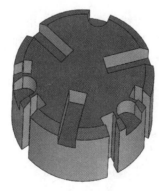

图 2-161　汽缸

任务拓展

2.3.8　复制特征

在零件建模过程中，如果有相同的零件特征，用户可以利用系统提供的特征复制功能进行复制，这样可以节省大量的时间，达到事半功倍的效果。

SolidWorks 2014 提供的复制功能，不仅可以实现同一个模型中的特征复制，还可以实现不同零件模型之间的特征复制。使用 Instant3D 命令，既可在同一个表面上进行特征复制，也可以在同一模型的不同表面上进行特征复制，还可以在不同模型之间进行特征复制。

复制特征的操作方法如下。

（1）打开实例源文件"复制特征实例"，如图 2-162 所示。

（2）单击"特征"工具栏中的 Instant3D 按钮 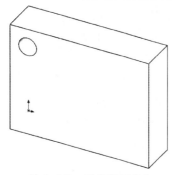。

（3）在特征管理器设计树中选择要复制的特征，如图 2-163 所示。

图 2-162 复制特征实体

（4）按住 Ctrl 键，将特征拖动到同一面上的另一位置，会弹出一个对话框，如图 2-164 所示。

虚拟实训
复制特征

实例源文件
复制特征实例

图 2-163 选择要复制的特征

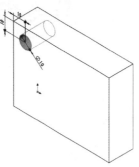

图 2-164 "复制确认"对话框

- "删除"按钮：删除几何关系和（或）尺寸。
- "悬空"按钮：保持几何关系和（或）尺寸。
- "取消"按钮：取消复制。

（5）单击"删除"按钮，完成特征的复制，如图 2-165 所示。

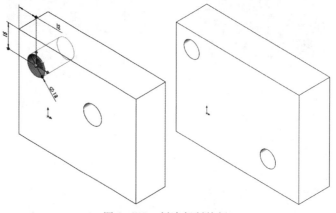

图 2-165 创建复制特征

（6）可根据要求对特征进行编辑。

（7）再次单击"特征"工具栏中的Instant3D按钮 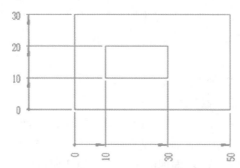，退出特征的复制操作。

项目小结

　　本项目主要介绍了草图的相关操作，草图的约束和编辑，以及拉伸、旋转、孔特征等基本特征的操作方法。草图绘制是SolidWorks的基本知识，读者需要掌握这些基本操作方法，并在实际中加以灵活运用，以便达到设计目的，只有掌握这些内容才能为进一步学习SolidWorks打下良好基础。通过本项目的学习，应重点掌握草图基本工具、尺寸标注、几何约束、草图编辑等命令的应用，进一步掌握草图设计的一般步骤和应用技巧，并掌握拉伸、旋转、孔特征的操作方法，以及特征的阵列操作方法。

思考与练习

思考与练习答案

一、选择题

1. 使用(　　　)命令可实现下列尺寸标注。

A. 智能尺寸　　　　B. 基准尺寸　　　　C. 尺寸链　　　　D. 共线/径向对

2. 绘制草图时，"快速捕捉"工具栏中的 ⚡ 表示(　　　)。

A. 点捕捉　　　　B. 中点捕捉　　　　C. 交叉点捕捉　　　D. 最近端捕捉

3. 在草图绘制中，用户经常需要标注尺寸，这些尺寸是有属性的。当用户给这些尺寸定义名称时，不可以实现的有(　　　)。

A. 英文字母　　　　B. 不能改变　　　　C. 数字　　　　D. 中文

4. 添加几何关系的按钮是(　　　)。

A. 　　　　B. 　　　　C. 　　　　D.

5.(　　　)选项可以定义基准轴。

A. 两点/顶点　　　　B. 原点　　　　C. 两平面　　　　D. 圆柱/圆锥面

6. 下列草图中，不能采用图中的中心线作为旋转轴建立旋转特征的是(　　　)。

A.

B.

C.

D.

7. 可以按住（   ）键并拖动一个参考基准面来快速地复制出一个等距基准面，然后在此基准面上双击鼠标以精确地指定距离尺寸。

A. Ctrl   B. Alt   C. Tab   D. Shift

二、填空题

1. 根据草图的尺寸标注，可将草图分为欠定义、_____和_____ 3 种状态。

2. 进行线性尺寸约束时，可以单击"尺寸/几何关系"工具栏中的_____按钮。

3. 参考几何体用来定义曲面或实体的形状或组成。常用的参考几何体主要包括 4 种，它们是：_____、_____、_____和_____。

三、判断题

1. 零件中的每个草图都有自己的原点，所以在一个零件中通常有多个草图原点。当草图打开时，能关闭其原点的显示。   （   ）

2. 在 SolidWorks 中，同一个草图能够被多个特征共享。   （   ）

3. 用户在创建草图时，有两种推理线能够帮助用户更加高效地工作。蓝色推理线表示自动添加几何关系，棕色推理线表示不添加几何关系。   （   ）

4. 使用绘制圆角工具时，用户可以通过选择实体交叉点上的顶点位置来添加一个草图的圆角。   （   ）

5. 尺寸的名称定义中区分大小写。   （   ）

6. 使用修改草图工具可以移动、旋转或按比例缩放单个草图实体。   （   ）

四、上机题

1. 在 SolidWorks 中绘制如图 2-166 所示的二维草图，并标注尺寸。

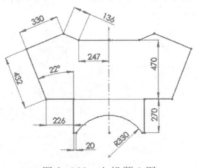

图 2-166   上机题 1 图

2. 在 SolidWorks 中绘制如图 2-167 所示的二维草图，并标注尺寸。

3. 在 SolidWorks 中绘制如图 2-168 所示的二维草图，并标注尺寸。

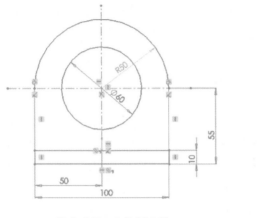

图 2-167   上机题 2 图

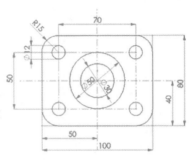

图 2-168   上机题 3 图

4. 在 SolidWorks 中绘制如图 2-169 所示的二维草图，并标注尺寸。

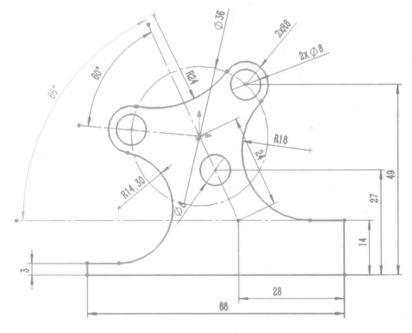

图 2-169   上机题 4 图

5. 在 SolidWorks 中绘制如图 2-170 所示的二维草图，并标注尺寸。

6. 在 SolidWorks 中绘制如图 2-171 所示的零件。

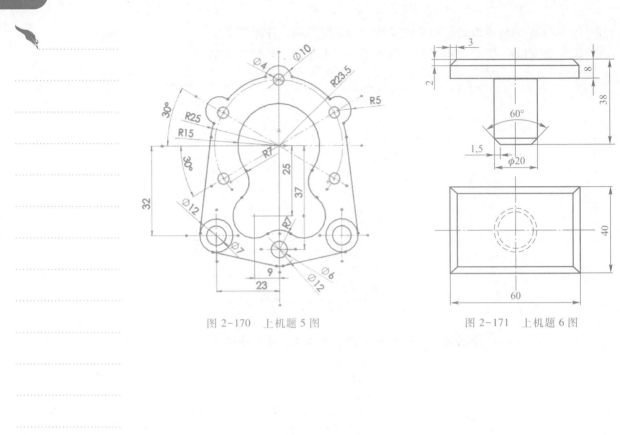

图 2-170　上机题 5 图　　　　　　　　图 2-171　上机题 6 图

项目**3**

焊接机器人末端操作器设计

　　焊接机器人是从事焊接的工业机器人。焊接机器人就是在工业机器人的末轴法兰装接焊钳或焊（割）枪，使之能进行焊接、切割或热喷涂。上一个项目中学习了 SolidWorks 创建零件的方法，主要使用了拉伸、旋转、孔等命令。本项目将通过焊接机器人末端操作器的建模过程学习镜像、拔模、放样、扫描等高级命令的应用。

知识目标

- 掌握多边形、椭圆等草绘命令的使用方法。
- 掌握草图约束的种类和使用方法。
- 掌握尺寸的修改方法。
- 掌握草图的编辑方法。
- 掌握扫描、放样等基本特征的使用方法。
- 掌握编辑特征的基本方法和技巧。
- 掌握镜像、倒角、圆角特征的基本创建方法和技巧。

技能目标

- 掌握多边形、椭圆等草绘命令的操作方法和技巧。
- 掌握草图约束的操作方法和技巧。
- 掌握尺寸标注及修改的操作方法和技巧。
- 掌握草图编辑的操作方法和技巧。
- 掌握扫描、放样等基本特征的操作方法和技巧。
- 掌握镜像、倒角、圆角特征的操作方法和技巧。

技 能 树

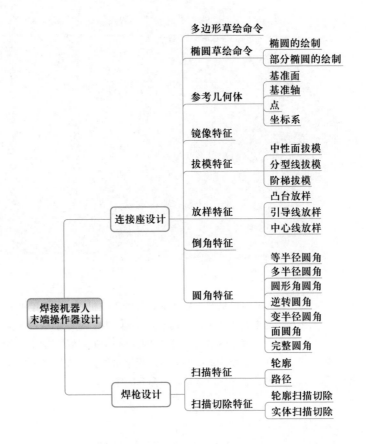

任务 1　　连接座设计

任务分析

　　本任务要完成如图 3-1 所示连接座模型的绘制。该零件凸台部分的创建，需要使用旋转特征；支撑杆部分由于为弯曲外形，且各截面外形相同，可使用放样特征创建；支撑部分可使用拉伸特征和异型孔向导创建；最后还需要对夹持面做拔模处理。通过本任务的学习，读者能掌握旋转、放样、拔模等特征的操作方法，并巩固拉伸、异型孔向导等特征的操作方法。

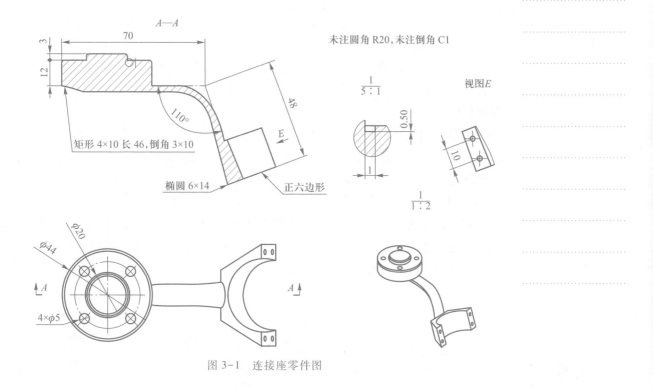

图 3-1　连接座零件图

相关知识

3.1.1　多边形草绘命令

　　多边形工具的调用方法主要有三种。

- "草图"工具栏方式：单击"草图"工具栏中的"多边形"按钮。
- 菜单方式：选择菜单栏中的"工具"|"草图绘制实体"|"多边形"命令。
- 属性管理器切换方式：在"多边形"属性管理器中选择多边形工具。

绘制多边形的操作步骤如下。

（1）单击"草图"工具栏中的"多边形"按钮，移动鼠标至图形区域，鼠

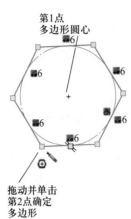

标指针变成"笔"状，开始多边形的绘制。

（2）根据需要设定"多边形"属性管理器的参数，单击图形区域确定多边形中心，然后拖动多边形，此时，在鼠标指针右侧显示出鼠标指标与中心点的距离及旋转角度，再次单击确定多边形，如图3-2所示。

设置的主要参数包括内切圆、外接圆、边数。

3.1.2　椭圆草绘命令

椭圆工具的调用方法主要有三种。

● "草图"工具栏方式：单击"草图"工具栏中的椭圆工具按钮。

● 菜单方式：选择"工具"|"草图绘制实体"菜单下的"椭圆""部分椭圆""抛物线""圆锥"等命令。

● 属性管理器切换方式：在"椭圆"属性管理器中选择椭圆、部分椭圆等工具。

椭圆具体分为椭圆、部分椭圆、抛物线、圆锥4类，下面主要介绍绘制椭圆和部分椭圆的操作步骤。

（1）椭圆的绘制：单击"草图"工具栏中的"椭圆"按钮，移动鼠标至图形区域，鼠标指针变成"笔"状，开始椭圆的绘制。先单击确定圆心，再先后单击确定椭圆的长半轴（R）和短半轴（r），如图3-3所示。

（2）部分椭圆的绘制：单击"草图"工具栏中"椭圆"按钮右侧的下拉按钮，选择（部分椭圆）。在图形区域先后单击确定椭圆的圆心、长半轴R（或短半轴r），再先后在椭圆上单击两次，确定椭圆的起点（即短半轴r（或长半轴R））和终点，从而完成部分椭圆的绘制，如图3-4所示。

图3-2　多边形绘制过程

教学课件
椭圆命令

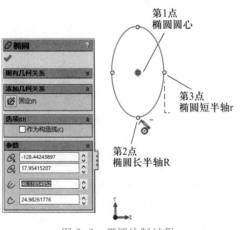

图3-3　椭圆绘制过程

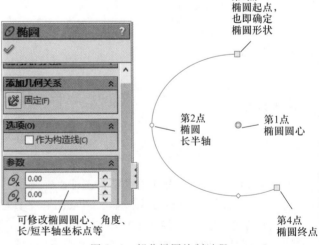

图3-4　部分椭圆绘制过程

3.1.3　参考几何体

SolidWorks 中的参考几何体包括基准面、基准轴、点及参考坐标系等基本几何元素。这些几何元素可作为构建其他几何体时的参照物，在创建零件的一般特征、曲面、零件的剖切面以及装配中起着非常重要的作用。

"参考几何体"操控板如图 3-5 所示。

1. 基准面

（1）基准面的基本概念。

基准面也称为基准平面。在创建一般特征时，如果模型上没有合适的平面，用户可以创建基准面。

（2）基准面的作用。

① 作为草图绘制平面。如果三维模型在空间中无合适的草图绘制平面，可以生成基准面作为草图绘制平面。

② 作为视图定向参考。三维零部件的草图绘制正视方向需要定义两个相互垂直的平面才可以确定，基准面可以作为三维实体方向决定的参考平面。

③ 作为模型生成剖面视图的参考面。

④ 作为拔模特征的参考面。在型腔零件生成拔模特征时，需要定义参考基准面。

⑤ 作为尺寸标注的参考。

⑥ 作为装配时零件相互配合的参考面。

图 3-5　"参考几何体"操控板

SolidWorks 中提供了前视基准面、上视基准面和右视基准面 3 个默认的互相垂直的基准面，通常情况下，用户在这 3 个基准面上绘制草图并创建实体模型。但是对于一些特殊特征，比如扫描特征和放样特征，需要在不同的基准面上绘制草图，才能够完成模型的构建，这就需要创建新的基准面。

（3）基准面的创建方式。

① 直线/点方式：利用一条直线和直线外一点创建基准面，此基准面包含指定直线和点（由于直线可由两点确定，因此这种方法也可通过选择三点来完成）。

② 点和平行面方式：利用点与面创建基准面，此基准面通过参照点并与参照面平行。

③ 夹角方式：利用线与面创建基准面，此基准面通过所选的线（一条直线、轴线或者草图线）并与参照面成一定的角度。

④ 等距距离方式：利用一个平面创建基准面，此基准面平行并等距于参照平面。

⑤ 垂直于曲线方式：利用点与曲线创建基准面，此基准面通过所选参照点且与选定的曲线垂直。

⑥ 曲面切平面方式：利用一个曲面创建基准面，此基准面与所选曲面相切。

（4）创建基准面的方法。

首先，单击"参考几何体"操控板中的"基准面"按钮 ◇ ，或选择菜单栏中的"插入"|"参考几何体"|"基准面"命令，系统弹出"基准面"属性管理器，如图 3-6 所示；然后，设置属性管理器；最后，单击"基准面"属性管理器中的"确定"按钮 ✅ ，完成基准面的创建。

实例源文件

基准面创建实体

微课

垂直于曲面的
基准面创建

（5）创建一个垂直于曲线的基准面。

① 打开实例源文件"基准面创建实体"，如图 3-7 所示。

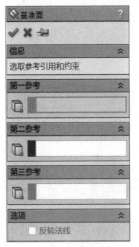

图 3-6　"基准面"属性管理器

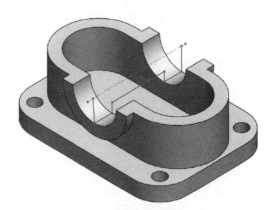

图 3-7　基准面实体

② 单击"参考几何体"操控板中的"基准面"按钮 ，或选择菜单栏中的"插入"|"参考几何体"|"基准面"命令，系统弹出"基准面"属性管理器。

③ 设置属性管理器。在"第一参考"面板中，选择一个点，在"第二参考"面板中，选择一条线，如图 3-8（a）所示。

④ 设置完成后，单击"基准面"属性管理器中的"确定"按钮 ，完成基准面的创建，如图 3-8（b）所示。

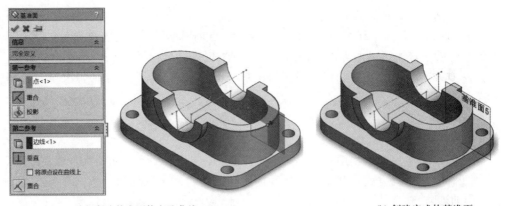

(a) 选择创建基准面的点及曲线　　　　　　　　　　　　(b) 创建完成的基准面

图 3-8　基准面创建实例

2. 基准轴

（1）基本概念。

同基准面一样，基准轴也可以用作特征创建时的参照，并且基准轴对于创建基准平面、同轴放置项目和径向阵列等特别有用。

基准轴其实就是一条直线，在 SolidWorks 中有临时轴和基准轴两个概念。

临时轴是由模型中的圆锥和圆柱隐含生成的，因为每一个圆柱和圆锥面都有一条轴线。因此临时轴是不需要生成的，是系统自动产生的。显示或隐藏临时轴的方法是选择菜单栏中的"视图"|"临时轴"命令。

（2）基准轴的创建方式。

① 一直线/边线/轴方式：利用一条草图的直线、实体的边线或者轴线创建基准轴，此基准轴通过指定直线。

② 两平面方式：利用两相交平面创建基准轴，此基准轴为两个平面的交线。

③ 两点/顶点方式：利用两点的连线创建基准轴，点可以是顶点、边线中点或其他基准点。

④ 圆柱/圆锥面方式：利用一个圆柱/圆锥面创建基准轴，此基准轴为所选圆柱/圆锥面的轴线（临时轴）。

⑤ 点和面/基准面方式：利用一个曲面（或基准面）和一个点生成基准轴，此基准轴通过所选参照点且垂直于所选曲面（或基准面）。

（3）创建基准轴的方法。

首先，单击"参考几何体"操控板中的"基准轴"按钮 ，或选择菜单栏中的"插入"|"参考几何体"|"基准轴"命令，系统弹出"基准轴"属性管理器，如图 3-9 所示；然后，设置属性管理器；最后，单击"基准轴"属性管理器中的"确定"按钮 ，完成基准轴的创建。

（4）创建一个通过两点的基准轴。

① 打开实例源文件"基准轴创建实体"，如图 3-10 所示。

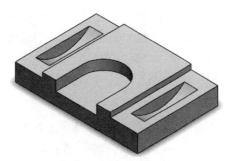

图 3-9 "基准轴"属性管理器   图 3-10 基准轴实体

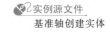
实例源文件
基准轴创建实体

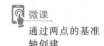
微课
通过两点的基准
轴创建

② 单击"参考几何体"操控板中的"基准轴"按钮 ，或选择菜单栏中的"插入"|"参考几何体"|"基准轴"命令，系统弹出"基准轴"属性管理器。

③ 设置属性管理器。在"选择"面板中，选择"两点/顶点"方式，并选择两个点，如图 3-11（a）所示。

④ 设置完成后，单击"基准轴"属性管理器中的"确定"按钮 ，完成基准轴的创建，如图 3-11（b）所示。

3. 点

"点"命令用于在零件设计模块中创建一个点，作为其他实体创建的参考元素。

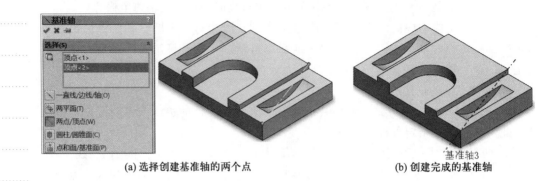

(a) 选择创建基准轴的两个点　　　　(b) 创建完成的基准轴

图 3-11　基准轴创建实例

（1）点的创建方式。

① 圆弧中心方式：利用所选圆弧的中心创建点。

② 面中心方式：利用所选面的中心创建点，面的中心即面的重心。

③ 交叉点方式：利用所选参考实体（两相交线）的交叉点创建点，参考实体可以是边线、曲线或草图线段。

④ 投影方式：用一个投影实体和一个被投影实体创建点，投影实体可以是曲线端点、草图线段中点和实体模型顶点，而被投影实体则可以是基准面、平面或曲面。

⑤ 在点上方式：利用草图上的一个点创建点。

⑥ 沿曲线距离或多个参考点方式：选定曲线生成一组点，曲线可以为模型边线或草图线段。

（2）创建点的方法。

首先，单击"参考几何体"操控板中的"点"按钮 ✳，或选择菜单栏中的"插入"|"参考几何体"|"点"命令，系统弹出"点"属性管理器，如图 3-12 所示；然后，设置属性管理器；最后，单击"点"属性管理器中的"确定"按钮 ✅，完成点的创建。

图 3-12　"点"
属性管理器

（3）创建一个平面中心点。

① 打开实例源文件"基准点创建实体"。

② 单击"参考几何体"操控板中的"点"按钮 ✳，或选择菜单栏中的"插入"|"参考几何体"|"点"命令，系统弹出"点"属性管理器。

③ 设置属性管理器。在"选择"面板中，选择"面中心"选项，并选择一个平面，如图 3-13（a）所示。

④ 设置完成后，单击"点"属性管理器中的"确定"按钮 ✅，完成点的创建，如图 3-13（b）所示。

4. 坐标系

"坐标系"功能用于在一个零件设计模块中创建一个坐标系，作为其他实体创建的参考元素。

（1）创建坐标系的方法。

首先，单击"参考几何体"操控板中的"坐标系"按钮 ↳，或选择菜单栏中的

实例源文件
基准点创建实体

微课
平面中心点的创建

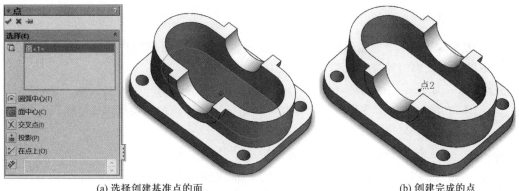

(a) 选择创建基准点的面　　　　　　　(b) 创建完成的点

图 3-13　基准点创建实例

"插入" | "参考几何体" | "坐标系" 命令, 系统弹出 "坐标系" 属性管理器, 如图 3-14 所示; 然后, 设置属性管理器; 最后, 单击 "坐标系" 属性管理器中的 "确定" 按钮 , 完成坐标系的创建。

（2）创建坐标系。

① 打开实例源文件 "坐标系创建实体"。

② 单击 "参考几何体" 操控板中的 "坐标系" 按钮 ↳, 或选择菜单栏中的 "插入" | "参考几何体" | "坐标系" 命令, 系统弹出 "坐标系" 属性管理器。

③ 设置属性管理器。

● 在 ↳ （原点） 选项中选择一个点（顶点、点、中点、零件或装配体上默认的原点）, 作为要创建的坐标系的原点。

图 3-14　"坐标系"属性管理器

● 在 "X 轴" "Y 轴" "Z 轴" 选项中分别选择实体上的边线或基准轴作为定义坐标系的方向。

🔖 实例源文件
坐标系创建实体

● 如果需要反转轴的方向, 单击 "反向" 按钮 ↗ 即可, 如图 3-15（a）所示。

📱 微课
坐标系的创建

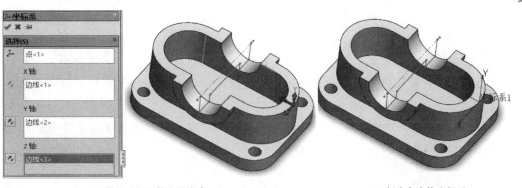

(a) 设置坐标系的点及方向　　　　　　(b) 创建完成的坐标系

图 3-15　坐标系创建实例

④ 设置完成后, 单击 "坐标系" 属性管理器中的 "确定" 按钮 , 完成坐标系的创建, 如图 3-15（b）所示。

3.1.4　镜像特征

在SolidWorks中，镜像特征是指以某一平面或基准面作为参考面，对称复制视图中的一个或多个特征以及整个模型实体。

图3-16　"镜像"
属性管理器

如果零件结构是对称的，用户可以只创建零件的一半，然后使用镜像特征的方法生成整个零件。如果修改了原始特征，则镜像的特征也随之更改。

1. 创建镜像特征的方法

首先，单击"特征"工具栏中的"镜像"命令，或选择菜单栏中的"插入"|"阵列/镜像"|"镜像"命令，系统弹出如图3-16所示的"镜像"属性管理器；然后，设置"镜像"属性管理器；最后，单击"镜像"属性管理器中的"确定"按钮，完成镜像特征的创建。

2. 创建镜像特征

【实例】将图3-17（a）所示凸台镜像为图3-17（b）所示零件模型。

（1）打开实例源文件"镜像特征实例"，如图3-17（a）所示。

（2）单击"特征"工具栏中的"镜像"按钮，或选择菜单栏中的"插入"|"阵列/镜像"|"镜像"命令，系统弹出"镜像"属性管理器，设置参数如图3-18所示，进行凸台的对称复制，完成的镜像如图3-17（b）所示。

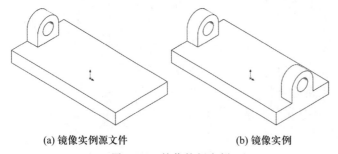

(a) 镜像实例源文件　　　　(b) 镜像实例

图3-17　镜像特征实例

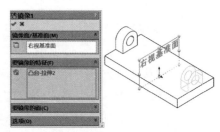

图3-18　创建镜像特征实例

3.1.5　拔模特征

拔模特征是在零件上常见的特征，是以指定的角度斜削模型中所选的面。拔模经常应用于需要经模具制造的零件，因为拔模角度的存在可以使型腔零件更容易脱出模具。

SolidWorks 2014提供了丰富的拔模功能，用户既可以在现有零件上插入拔模特征，也可以在拉伸特征的同时进行拔模。

1. "拔模"属性管理器

拔模特征是在"拔模"属性管理器中设定的，属性管理器因选项的不同而有所变化，如图3-19所示。下面来介绍"拔模"属性管理器中各选项的含义。

（1）"拔模类型"面板。

SolidWorks提供了三种方法来生成拔模特征，具体如下。

· 中性面拔模：使用中性面为拔模类型，可以拔模一些外部面、所有外部面、

图 3-19　"拔模"属性管理器

一些内部面、所有内部面、相切的面，或内部和外部面的组合。

- 分型线拔模：可以对分型线周围的曲面进行拔模，分型线可以是空间的。
- 阶梯拔模：阶梯拔模为分型线拔模的变体，阶梯拔模绕用来作为拔模方向的基准面旋转而生成一个面。

在使用拔模特征时，SolidWorks 2014 会根据用户选择的类型进一步提供选项。

- 允许减少角度：仅限于分型线拔模时有效。选中此复选框时，拔模面有些部分上的拔模角度可能比指定的拔模角度要小。
- 锥形阶梯：仅限于阶梯拔模时有效。以与锥形曲面相同的方式生成曲面。
- 垂直阶梯：仅限于阶梯拔模时有效。垂直于原有主要面生成曲面。

（2）"拔模角度"面板。

（拔模角度）：设定拔模角度（垂直于中性面进行测量）。

（3）"中性面"面板（仅限于中性面拔模）。

中性面是指在拔模的过程中大小不变的固定面，用于指定拔摸角旋转轴，如果中性面与拔模面相交，则相交处即为旋转轴。如有必要，可单击"反向"按钮 向相反的方向倾斜拔模。

（4）"拔模面"面板（仅限于中性面拔模）。

拔模面：选取的零件表面，在此面上将生成拔模斜度。

拔模沿面延伸：该选项的下拉列表中包含以下选项。

- 无：只在所选的面上进行拔模。
- 沿切面：将拔模延伸到所有与所选面相切的面。
- 所有面：将所有从中性面拉伸的面进行拔模。

- 内部的面：将所有从中性面拉伸的内部面进行拔模。
- 外部的面：将所有在中性面旁边的外部面进行拔模。

（5）"拔模方向"面板（仅限于分型线拔模或阶梯拔模）：用于确定拔模角度的方向。

（6）"分型线"面板（仅限于分型线拔模或阶梯拔模）。

- （分型线）：在图形区域中选取分型线。
- 其他面：让用户为分型线的每条线段指定不同的拔模方向。在"分型线"列表框中单击边线名称，然后单击"其他面"按钮。

2. 创建拔模特征

要在现有的零件上插入拔模特征，从而以特定角度斜削所选原面，可以使用中性面拔模、分型线拔模和阶梯拔模。

（1）中性面拔模。

要使用中性面在模型面上生成一个拔模特征，可按如下操作步骤进行。

① 单击"特征"工具栏中的"拔模"按钮 ，或选择菜单栏中的"插入"|"特征"|"拔模"命令。

② 在"拔模"属性管理器中，单击"手工"按钮。

③ 在"拔模"属性管理器中进行设置。

- 在"拔模类型"面板中选中"中性面"单选按钮。
- 在"拔模角度"面板中设置拔模角度。
- 在"中性面"面板中，选择一个面或基准面。如有必要，可单击"反向"按钮 向相反的方向倾斜拔模。
- 单击"拔模面"面板中的列表框，在图形区域中选择要拔模的面。
- 如果想将拔模延伸到额外的面，选择"拔模沿面延伸"下拉列表中的相应选项。

④ 单击"确定"按钮 ，完成中性面拔模特征的创建，效果如图3-20所示。

（2）分型线拔模。

可以对分型线周围的曲面进行拔模。要插入分型线拔模特征，可按如下操作步骤进行。

① 插入一条分割线分离要拔模的面，或者使用现有的模型边线分离要拔模的面。

② 单击"特征"工具栏中的"拔模"按钮 ，或选择菜单栏中的"插入"|"特征"|"拔模"命令。

③ 在"拔模"属性管理器的"拔模类型"面板中选中"分型线"单选按钮。

④ 在"拔模角度"面板中设置拔模角度。

⑤ 单击"拔模方向"面板中的列表框，在图形区域选择一条边线或一个面来指示拔模方向。

⑥ 如果要向相反的方向生成拔模，单击"反向"按钮 。

⑦ 单击"分型线"面板中的列表框，在图形区域选择分型线。

⑧ 如果要为分型线的每一线段指定不同的拔模方向，可单击"分型线"列表框

微课
中性面拔模

微课
分型线拔模

中的边线名称，然后单击"其他面"按钮。

⑨ 在"拔模沿面延伸"下拉列表中选择拔模沿面延伸类型。

⑩ 单击"确定"按钮✔，完成分型线拔模特征的创建，效果如图 3-21 所示。

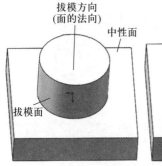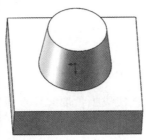

图 3-20　中性面拔模效果

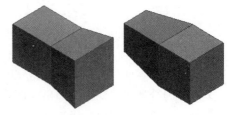

图 3-21　分型线拔模效果

微课

阶梯拔模

（3）阶梯拔模。

阶梯拔模是分型线拔模的变异。阶梯拔模生成一个绕用来作为拔模方向的基准面而旋转的面。此处可产生较小的面，代表阶梯。

要插入阶梯拔模特征，可按如下操作步骤进行。

① 绘制要拔模的零件。

② 根据需要建立必要的基准面。

③ 生成所需的分型线。这些分型线必须满足以下条件。

- 在每个拔模面上，至少有一条分型线线段与基准面重合。
- 其他所有分型线线段处于基准面的拔模方向上。
- 任何一条分型线线段都不能与基准面垂直。

④ 单击"特征"工具栏中的"拔模"按钮，或选择菜单栏中的"插入"|"特征"|"拔模"命令。

⑤ 在"拔模"属性管理器的"拔模类型"面板中选中"阶梯拔模"单选按钮。

⑥ 如果想使曲面与锥形曲面一样生成，选中"锥形阶梯"单选按钮；如果想使曲面垂直于原主要面，选中"垂直阶梯"单选按钮。

⑦ 在"拔模角度"面板中设置拔模角度。

⑧ 单击"拔模方向"面板中的列表框，在图形区域选择一基准面指示拔模方向。

⑨ 如果要向相反的方向生成拔模，单击"反向"按钮。

⑩ 单击"分型线"面板中的列表框，在图形区域选择分型线。

⑪ 如果要为分型线的每一线段指定不同的拔模方向，可在"分型线"列表框中选择边线名称，然后单击"其他面"按钮。

⑫ 在"拔模沿面延伸"下拉列表中选择拔模沿面延伸类型。

⑬ 单击"确定"按钮✔，完成阶梯拔模特征的创建，效果如图 3-22 所示。

3. 拔模分析

塑料零件设计者和铸模工具制造者可以使用拔模分析工具来检查拔模是否正确

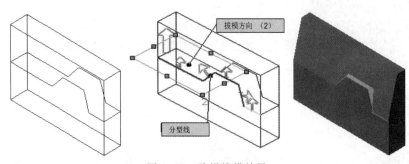

图3-22　阶梯拔模效果

应用到零件。利用拔模分析工具可以核实拔模角度，检查面内的角度，以及找出零件的分型线、浇注面和出坯面等。

要应用拔模分析工具来核实拔模角度，可按如下操作步骤进行。

① 打开需要分析的模型。

② 单击"模具工具"工具栏中的"拔模分析"按钮，或选择菜单栏中的"视图"|"显示"|"拔模分析"命令，此时会出现如图3-23所示的"拔模分析"属性管理器。

③ 在图形区域选择模型的一个平面、边线或轴来表示拔模方向。

④ 如果要更改拔模方向，单击"分析参数"面板中的"反向"按钮。

⑤ 在"分析参数"面板中设置要分析的拔模角度。

⑥ 选中"面分类"复选框，可以进行以面为基础的拔模分析。此时在"颜色设定"面板中将拔模分析结果分成4个范畴，分别用绿、黄、红、蓝4种颜色表示。

● 绿色表示"正拔模"，根据指定的参考拔模角度，显示带正拔模的任何面。正拔模是指面的角度相对于拔模方向大于参考角度。

● 红色表示"需要拔模"，显示需要校正的任何面。

● 黄色表示"负拔模"，根据指定的参考拔模角度，显示带负拔模的任何面。负拔模是指面的角度相对于拔模方向小于负参考角度。

● 蓝色表示"跨立面"，显示包含正与负拔模类型的任何面。

如果是第一次使用拔模分析，系统会显示这4种类型的颜色代表不同的拔模分析结果，但是如果用户修改了颜色，系统将使用所指定的新的颜色。

⑦ 在选中"面分类"复选框的基础上，如果有必要还可选中"查找陡面"复选框。此选项只用来分析添加了拔模的模型上的曲面。当选中该复选框时，两个额外的范畴被显示，如图3-24所示。

● 正陡面：根据所指定的参考拔模角度，显示带正拔模的任何陡面。

● 负陡面：根据所指定的参数拔模角度，显示带负拔模的任何陡面。

⑧ 单击"计算"按钮，得出拔模分析的结果。

⑨ 单击"确定"按钮，即可完成拔模分析。

图 3-23 "拔模分析"属性管理器   图 3-24 "颜色设定"面板

3.1.6 放样特征

教学课件
放样特征

放样是指连接多个剖面或轮廓形成基体、凸台、曲面或切除，通过在轮廓之间进行过渡来生成特征。

1. "放样"属性管理器

放样就是利用生成一个模型面或模型边线的空间轮廓，然后建立一个新的基准面，用来放置另一个草图轮廓。单击"特征"工具栏中的"放样"按钮，或选择菜单栏中的"插入"|"凸台/基体"|"放样"命令，此时会出现如图 3-25 所示的"放样"属性管理器。

放样特征都是在"放样"属性管理器中设定的，下面介绍"放样"属性管理器中各选项的含义。

（1）"轮廓"面板。

"轮廓"面板如图 3-26 所示，其各选项的含义如下。

图 3-25 "放样"
属性管理器

① 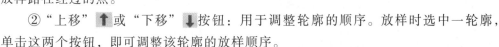（轮廓）：决定用来生成放样的轮廓。选择要连接的草图轮廓、面或边线。放样根据轮廓选择的顺序而生成。对于每个轮廓，都需要选择想要放样路径经过的点。

② "上移"↑ 或 "下移"↓ 按钮：用于调整轮廓的顺序。放样时选中一轮廓，单击这两个按钮，即可调整该轮廓的放样顺序。

（2）"起始/结束约束"面板。

"起始/结束约束"面板如图 3-27 所示，其各选项的含义如下所述。

① 开始约束和结束约束：应用约束以控制开始和结束轮廓的相切，如图 3-28 所示。

• 无：不应用相切约束。

• 方向向量：根据所选方向向量进行相切约束。使用时选择一方向向量 ↗，然后设定拔模角度和起始或结束处相切长度。

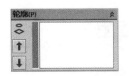

图 3-26　"轮廓"面板　　　图 3-27　"起始/结束约束"面板　　　图 3-28　"开始约束"选项

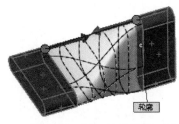

图 3-29　"与面相切"及"与面的曲率"选项的存在条件

● 垂直于轮廓：应用垂直于开始或结束轮廓的相切约束。使用时设定拔模角度和起始或结束处相切长度。

● 与面相切（所选放样轮廓与某一实体面接触时可用，如图 3-29 所示）：放样在起始处或终止处与现有几何实体面相切。

● 与面的曲率（所选放样轮廓与某一实体面接触时可用，如图 3-29 所示）：放样在起始处或终止处与现有几何实体面保持曲率一致。

表 3-1 所示为"开始约束"和"结束约束"选项样例。

表 3-1　放样相切选项样例

选项	样例	选项	样例
轮廓与引导线		开始约束：无 结束约束：无	
开始约束：无 结束约束：垂直于轮廓		开始约束：垂直于轮廓 结束约束：无	
开始约束：垂直于轮廓 结束约束：垂直于轮廓		开始约束：与面相切 结束约束：无	
开始约束：方向向量 结束约束：无		开始约束：方向向量 结束约束：垂直于轮廓	

② 下一个面：该选项在将"开始约束"或"结束约束"设置为"与面相切"或"与面的曲率"时可用，用于在可用的面之间切换。

③ ✎（方向向量）：该选项在将"开始约束"或"结束约束"设置为"方向向量"时可用，用于指定进行相切约束的方向向量。方向向量为边线或轴时，放样与

之相切；方向向量为面或基准面时，放样与之法线相切；还可以选择一对顶点以设置方向向量。方向向量的应用效果如图 3-30 所示。

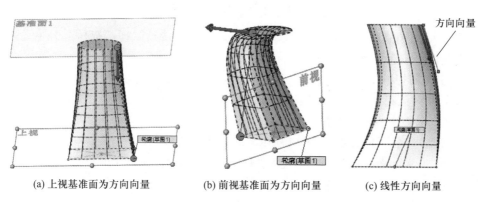

(a) 上视基准面为方向向量   (b) 前视基准面为方向向量   (c) 线性方向向量

图 3-30　方向向量应用效果

④ 拔模角度：该选项在将"开始约束"或"结束约束"设置为"方向向量"或"垂直于轮廓"时可用，表示给开始或结束轮廓应用拔模特征。根据需要，可单击"反向"按钮 🔄 改变拔模方向。也可沿引导线应用拔模角度。应用拔模特征的效果如图 3-31 所示。

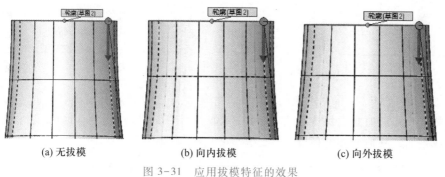

(a) 无拔模   (b) 向内拔模   (c) 向外拔模

图 3-31　应用拔模特征的效果

⑤ 起始和结束处相切长度：该选项在将"开始约束"或"结束约束"设置为"无"时不可使用，表示控制起始和结束约束对放样的影响量。相切长度的效果限制到下一部分。根据需要，可单击"反转相切方向"按钮 ↗。是否反转相切方向的效果如图 3-32 所示。

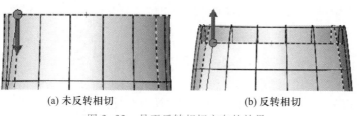

(a) 未反转相切   (b) 反转相切

图 3-32　是否反转相切方向的效果

（3）"引导线"面板。

"引导线"面板如图 3-33 所示，其各选项的含义如下。

① （引导线）：用于选择引导线来控制放样。

② "上移" ↑ 或 "下移" ↓ 按钮：用于调整引导线的顺序。选择一引导线后即可通过这两个按钮调整引导线顺序。

③ 引导相切类型：控制放样与引导线相遇处的相切情况。其选项的含义与"开始约束"和"结束约束"的选项相似，这里不再赘述。

（4）"中心线参数"面板。

"中心线参数"面板如图 3-34 所示，其各选项的含义如下。

① （中心线）：用于选择中心线以引导放样形状。中心线可与引导线共存。

② 截面数：在轮廓之间并绕中心线以添加截面。移动滑块可以调整截面数。

③ （显示截面）：显示放样截面。单击微调按钮来切换当前所显示截面。也可输入一截面编号，然后单击 （显示截面）以跳到此截面。

（5）"选项"面板。

"选项"面板如图 3-35 所示，其各选项的含义如下。

图 3-33　"引导线"面板　　　图 3-34　"中心线参数"面板　　　图 3-35　"选项"面板

① 合并切面：如果相对应的放样线段相切，可选中"合并切面"复选框以使生成的放样中相应的曲面保持相切，如图 3-36 所示。保持相切的面可以是基准面、圆柱面或锥面，其他相邻的面被合并，截面被近似处理。

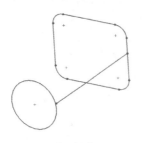  

(a) 草图轮廓　　　(b) 取消选中"合并切面"复选框　　　(c) 选中"合并切面"复选框

图 3-36　合并切面

② 闭合放样：沿放样方向生成一闭合实体，如图 3-37 所示。此选项会自动连接最后一个和第一个草图。

③ 显示预览：显示放样的上色预览。取消选中此选项则只能观看路径和引导线。

（6）"薄壁特征"面板。

选择薄壁特征以生成一薄壁特征放样。使用实体特征放样与使用薄壁特征放样的对比如图 3-38 所示。

(a) 取消选中"闭合放样"复选框　　(b) 选中"闭合放样"复选框

图 3-37　闭合放样

(a) 使用实体特征放样　　(b) 使用薄壁特征放样

图 3-38　薄壁特征

"薄壁特征"面板如图 3-39 所示。其中，"薄壁特征类型"下拉列表中包含的选项如图 3-40 所示，各选项的含义如下。

图 3-39　"薄壁特征"面板　　　　　图 3-40　"薄壁特征类型"选项

- 单向：使用厚度值 $\overset{\wedge}{\underset{T1}{}}$ 以单一方向从轮廓生成薄壁特征。根据需要，可单击"反向"按钮 ⚡ 。

- 两侧对称：以两个方向应用同一厚度值 $\overset{\wedge}{\underset{T1}{}}$ 而从轮廓以双向生成薄壁特征。

- 双向：从轮廓以双向生成薄壁特征。为 $\overset{\wedge}{\underset{T1}{}}$ 和 $\overset{\wedge}{\underset{T2}{}}$ 设定单独数值。

2. 凸台放样

通过使用空间中两个或两个以上的不同面轮廓，可以生成最基本的放样特征。要生成空间轮廓的放样特征，以酒瓶为例，可按如下步骤进行。

微课
凸台放样建模

（1）先利用拉伸特征建立一个直径为 15 mm、高为 16 mm 的圆柱体作为瓶颈，如图 3-41 所示。

（2）建立不同的新基准，生成多个空间轮廓草图，如图 3-42 所示（空间轮廓可以是模型面或模型边线）。

图 3-41　瓶颈的建立　　　　图 3-42　轮廓草图

（3）单击"特征"工具栏中的"放样"按钮 ，或选择菜单栏中的"插入"|"凸台/基体"|"放样"命令，此时会出现"放样"属性管理器。

（4）单击每个轮廓上相应的点，以按顺序选择空间轮廓，此时被选择轮廓显示在"轮廓"列表框中，如图3-43所示，并在图形区域中显示生成的放样特征，如图3-44所示。

（5）如果轮廓顺序选择有误，可单击"上移" ⬆ 或"下移" ⬇ 按钮改变轮廓的顺序。

（6）在"起始/结束约束"面板中，设置"开始约束"为"与面的曲率"， ↗（起始处相切长度）为1；"结束约束"为"垂直于轮廓"， ↗（结束处相切长度）为1。

（7）如果要生成薄壁放样特征，选中"薄壁特征"复选框，从而激活"薄壁特征"面板，选择薄壁类型，并设置薄壁厚度。

（8）单击"确定"按钮，即可完成放样，如图3-45所示。

图3-43　轮廓显示　　　图3-44　轮廓放样预览　　　图3-45　酒瓶放样

3. 引导线放样

与生成引导线扫描特征一样，SolidWorks也可以生成引导线放样特征。通过使用两个或多个轮廓并使用一条或多条引导线来连接轮廓，可以生成引导线放样。通过引导线可以帮助控制所生成的中间轮廓。

在利用引导线生成放样特征时，必须注意以下几点。

- 引导线必须与轮廓相交，最好与轮廓有穿透关系。
- 引导线的数量不受限制。
- 引导线之间可以相交。
- 引导线可以是任何草图曲线、模型边线或曲线。
- 引导线可以比生成的放样特征长，放样将终止于最短的引导线的末端。

要生成引导线放样特征，以肥皂为例，可按如下步骤进行。

（1）绘制轮廓草图。

在上视基准面上绘制轮廓草图1，如图3-46所示。

新建一基准面与上视基准面平行，距离为10 mm。在此基准面上绘制一点为轮廓草图2，如图3-47所示。

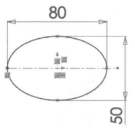

图 3-46　轮廓草图 1　　　　　　　　　　图 3-47　轮廓草图 2

（2）绘制引导线草图。

在前视基准面上绘制引导线草图 3（椭圆），如图 3-48 所示。其一个端点与轮廓草图 1 建立穿透关系，另一个端点与轮廓草图 2 重合。

相同方法，在前视基准面上绘制引导线草图 4，如图 3-49 所示。在右视基准面上绘制引导线草图 5、引导线草图 6，分别如图 3-50、图 3-51 所示。

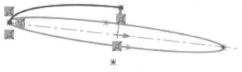

图 3-48　引导线草图 3　　　　　　　　　图 3-49　引导线草图 4

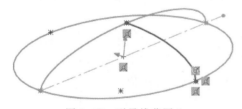

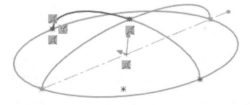

图 3-50　引导线草图 5　　　　　　　　　图 3-51　引导线草图 6

（3）单击“特征”工具栏中的“放样”按钮▲，或选择菜单栏中的“插入”|“凸台”|“放样”命令，这时出现“放样”属性管理器。

（4）依次单击轮廓草图 1、轮廓草图 2，此时被选择轮廓显示在▲（轮廓）列表框中。

（5）如果轮廓顺序选择有误，可单击“上移”↑或“下移”↓按钮改变轮廓的顺序。

（6）在“引导线”列表框中单击引导线框，然后在图形区域依次选择引导线草图 3、引导线草图 4、引导线草图 5、引导线草图 6。此时在图形区域将显示随着引导线变化的放样特征，如图 3-52 所示。同样可以单击“上移”↑或“下移”↓按钮来改变使用引导线的顺序。

（7）在“起始/结束约束”面板中，设置“开始约束”为“垂直于轮廓”，↖（起始处相切长度）为 1.5。

（8）单击"确定"按钮，即可完成放样，如图3-53所示。

（9）采用镜像特征将放样实体镜像，即可获得肥皂模型。

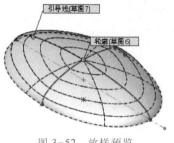

图3-52 放样预览   图3-53 放样实体

4. 中心线放样

SolidWorks还可以生成中心线放样特征。中心线放样是指将一条变化的引导线作为中心线进行的放样，在中心线放样特征中，所有中间截面的草图基准面都与此中心线垂直。

中心线放样中的中心线必须与每个闭环轮廓的内部区域相交，而不是像引导线放样那样，引导线必须与每个轮廓线相交。

中心线放样与引导线放样的操作步骤类似，可按如下步骤进行。

（1）绘制曲线作为中心线，如图3-54所示。

（2）在中心线的端点处建立基准面绘制轮廓草图，如图3-54所示。

（3）单击"特征"工具栏中的"放样"按钮🔔，或选择菜单栏中的"插入"|"凸台"|"放样"命令，此时出现"放样"属性管理器。

（4）依次单击各轮廓上相应的点，按顺序选择空间轮廓和其他轮廓的面。如果轮廓顺序选择有误，可单击"上移"⬆或"下移"⬇按钮改变轮廓的顺序。

（5）在"中心线参数"面板中单击💈列表框，然后在图形区域选择中心线，此时在图形区域将显示随着中心线变化的放样特征。

（6）调整"截面数"滑块来改变在图形区域显示的预览数。

（7）如果要在放样的开始和结束处控制相切，需要设置"起始/结束约束"面板。

（8）如果要生成薄壁特征，选中"薄壁特征"复选框并设置薄壁特征。

（9）单击"确定"按钮，即可完成中心线放样，如图3-55所示。

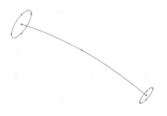

图3-54 中心线即轮廓草图   图3-55 中心线放样

5. 添加放样截面

在生成放样特征的过程中，放样截面的多少对放样特征的影响至关重要。Solid-

Works 放样特征可在现有放样中添加一个或多个放样截面，从而有效地控制形状。

在添加放样截面的同时，还会生成一个临时基准面，通过拖动临时基准面可以沿放样路径改变截面位置。此外，还可以使用预先存在的基准面来定位新的放样截面。一旦将新的放样截面定位之后，就可以像编辑其他任何草图截面一样，使用快捷菜单来编辑新的放样截面了。

如果想要在现有放样中添加新的截面，可按如下步骤进行。

（1）在想要添加新放样截面的现有路径上右击。

（2）在弹出的快捷菜单中选择"添加放样截面"命令，此时出现"添加放样截面"属性管理器，同时在图形区域出现一个临时基准面和新的放样截面。

（3）如想使用临时基准面，执行以下操作可将截面沿现有路径定位：将鼠标指针移动到控标上，当鼠标指针变为 形状时，沿现有放样路径的轴拖动基准面；将鼠标指针放置在基准面的边线之一上，移动鼠标指针可以更改基准面的角度和放样截面的形状。

（4）如果要使用另一个先前生成的基准面，选中"使用所选基准面"复选框，然后选择一个基准面 。

（5）右击并在弹出的快捷菜单中选择"编辑放样截面"命令，从而为截面添加几何关系尺寸等。

（6）单击"确定"按钮，即可完成放样截面的添加和编辑，如图 3-56 所示。

图 3-56   添加放样截面

如果要从放样特征中删除新的放样截面，可按如下步骤进行。

（1）在特征管理器设计树内，右击"放样"图标 ，在弹出的快捷菜单中选择"编辑定义"命令。

（2）在"放样"属性管理器中"轮廓"面板的 列表框中选择新的草图，按 Delete 键。

（3）单击"确定"按钮，将放样草图从放样截面中移除。

3.1.7　倒角特征

对零件的边或角进行倒角，可便于搬运、装配以及避免应力集中，是机械加工过程中不可缺少的工艺。

1. 倒角属性

单击"特征"工具栏中的"倒角"按钮 ，或选择菜单栏中的"插入"|"特征"|"倒角"命令，此时会出现如图 3-57 所示的"倒角"属性管理器。倒角特征

都是在"倒角"属性管理器中设定的，下面介绍"倒角"属性管理器中各选项的含义。

(1) （边线和面或顶点）：用于选取倒角对象，倒角对象可以是顶点、线或面。

(2) 倒角方式。

① 角度距离：选择该选项后面板中会出现 （距离）及 （角度）选项，利用"角度距离"选项生成的倒角效果如图 3-58 所示。

提示

当倒角方式选择"顶点"时，才可以选取顶点作为倒角对象；当倒角方式选择"距离-距离"或"角度距离"时，才可以选取线或面作为倒角对象。

图 3-57　"倒角"属性管理器

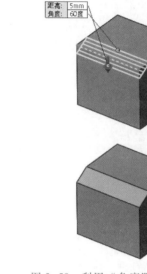
图 3-58　利用"角度距离"选项生成倒角

② 距离-距离：选择该选项后面板中会出现"相等距离"复选框及 （距离 1）、（距离 2）选项。

若选中"相等距离"复选框，面板中的 （距离 1）、（距离 2）选项将更改为 （距离）选项，表示到两边的倒角距离相等，均为 （距离）选项所设置的数值，如图 3-59 所示。

图 3-59　两边距离相等生成倒角

若取消选中"相等距离"复选框，面板中的 （距离 1）用于设定到第一条边

的倒角距离，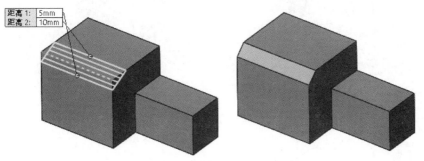（距离 2）用于设定到第二条边的倒角距离，即到两边的倒角距离不相等。距离 1 和距离 2 分别是指第一条边和第二条边到顶边的距离，在图形区域有显示，如图 3-60 所示。

图 3-60　两边距离不相等生成倒角

③ 顶点：选择该选项后面板中会出现"相等距离"复选框及 （距离 1）、 （距离 2）、 （距离 3）选项，且倒角对象只能选取顶点。

若选中"相等距离"复选框，面板中的 （距离 1）、 （距离 2）、 （距离 3）选项将更改为 （距离）选项，表示顶点到周边 3 条边的倒角距离相等，均为 （距离）选项所设置的数值，如图 3-61 所示。

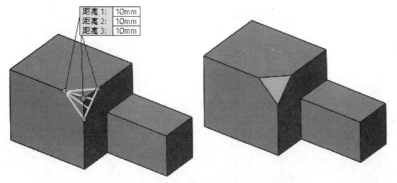

图 3-61　顶点距离相等生成倒角

若取消选中"相等距离"复选框，面板中的 （距离 1）用于设定到第一条边的倒角距离， （距离 2）用于设定到第二条边的倒角距离， （距离 3）用于设定到第三条边的倒角距离，即顶点到 3 条边的倒角距离均不相等。距离 1、距离 2 和距离 3 分别是指第一条边、第二条边和第三条边到顶边的距离，在图形区域有显示，如图 3-62 所示。

（3）保持特征：应用倒角特征时，会保持零件的其他特征。当应用一个大到可覆盖其他特征的倒角距离时，选中该复选框可保持切除或凸台等特征可见。如图 3-63 所示零件，倒角距离过大，若取消选中"保持特征"复选框，会将最左方一列凸台切除掉；若选中"保持特征"复选框，则不会。

（4）切线延伸：选中该复选框，表示将倒角延伸到所有与倒角对象相切的线或面，如图 3-64 所示。

图 3-62　顶点距离不相等生成倒角

(a) 倒角预览　　　　　　(b) 取消选中"保持特征"复选框　　　　(c) 选中"保持特征"复选框

图 3-63　保持特征

(a) 所选倒角对象　　　　(b) 取消选中"切线延伸"复选框　　　　(c) 选中"切线延伸"复选框

图 3-64　切线延伸

（5）预览方式：预览方式包括完整预览、部分预览和无预览，只能且必须选择其中之一。

● 完整预览：显示所有边线的倒角预览，如图 3-65（a）所示。

● 部分预览：只显示一条边线的倒角预览，如图 3-65（b）所示。按 A 键可以依次观看每个倒角预览。

● 无预览：选中该选项可以提高复杂模型的重建时间，如图 3-65（c）所示。

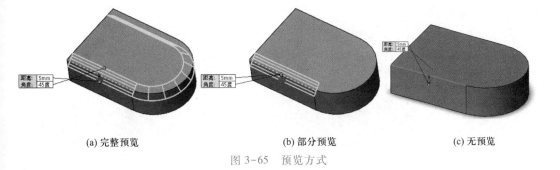

| (a) 完整预览 | (b) 部分预览 | (c) 无预览 |

图 3-65 预览方式

2. 生成倒角

当需要在零件模型上生成倒角特征时，可按如下操作步骤进行。

微课
倒角特征建模

（1）单击"特征"工具栏中的"倒角"按钮 🔷，或选择菜单栏中的"插入"|"特征"|"倒角"命令，弹出"倒角"属性管理器。

（2）在"倒角"属性管理器中选择倒角方式：角度距离、距离-距离或顶点。

（3）单击 🔲（边线和面或顶点）列表框，在图形区域选择倒角对象（边线、面或顶点）。

虚拟实训
倒角特征

（4）设置距离或角度值。

（5）根据需要决定是否选中"保持特征"复选框。

（6）根据需要决定是否选中"切线延伸"复选框。

（7）确定预览方式：完整预览、部分预览或无预览。

（8）单击"确定"按钮，即可生成倒角特征。

任务实施

3.1.8 凸台建模

微课
连接座建模

（1）选择"文件"|"新建"命令，弹出"新建 SolidWorks 文件"对话框，在对话框中单击"零件"按钮，然后单击"确定"按钮。

（2）在设计树中选择"前视基准面"选项，单击"草图"工具栏中的"草图绘制"按钮 🖊️，进入草图绘制状态，绘制如图 3-66 所示的草图。

（3）单击"特征"工具栏中的"旋转凸台/基体"按钮 🔧，如图 3-67 所示。

（4）单击"特征"工具栏中的"倒角"按钮 🔷，倒角尺寸为 C1，如图 3-68 所示。

（5）选中凸台的大圆柱上表面，单击"草图"工具栏中的"草图绘制"按钮 🖊️，进入草图绘制状态，绘制如图 3-69 所示的草图。

（6）单击"特征"工具栏中的"拉伸切除"按钮 🔳，切除台阶孔，大孔深度为 8 mm，如图 3-70 所示。

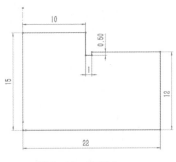

图 3-66 草图 1

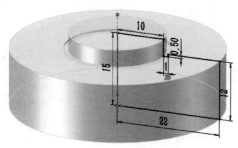

图 3-67　旋转 1

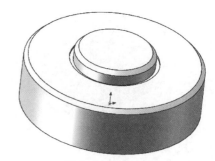

图 3-68　凸台倒角

（7）单击"特征"工具栏中的"圆周阵列"按钮 ⚙️，阵列轴选择"临时轴"，将台阶孔阵列为 4 个，如图 3-71 所示。

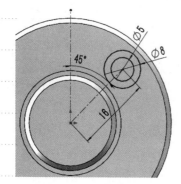

图 3-69　草图 2

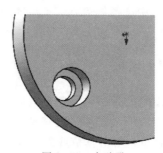

图 3-70　台阶孔

图 3-71　台阶孔阵列

3.1.9　支撑杆建模

（1）在设计树中选择"前视基准面"选项，单击"草图"工具栏中的"草图绘制"按钮 ✏️，进入草图绘制状态，绘制如图 3-72 所示草图作为放样的引导线。

（2）单击"特征"工具栏中的"基准面"按钮 ◇，在引导线的两端插入基准面 1 和基准面 2，如图 3-73 所示；插入与右视基准面距离为 25 mm 且平行的基准面 3，如图 3-74 所示。

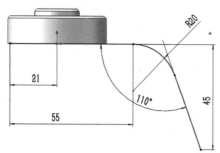

图 3-72　引导线草图

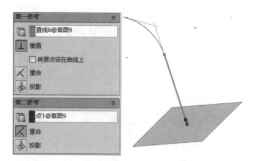

图 3-73　基准面 1 和基准面 2 的创建

（3）在设计树中选择"基准面 1"，单击"草图"工具栏中的"草图绘制"按钮 ✏️，进入草图绘制状态，绘制如图 3-75 所示的草图作为轮廓草图。同理，在基准面 3 上创建同样的轮廓草图 2。

（4）在设计树中选择"基准面 1"，单击"草图"工具栏中的"草图绘制"按钮 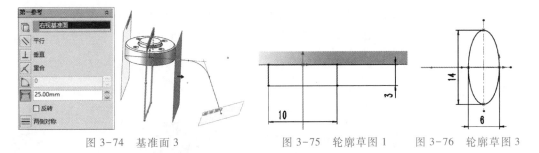，进入草图绘制状态，绘制如图 3-76 所示的草图作为轮廓草图。

图 3-74　基准面 3　　　　　图 3-75　轮廓草图 1　　　图 3-76　轮廓草图 3

（5）单击"特征"工具栏中的"放样凸台/基体"按钮 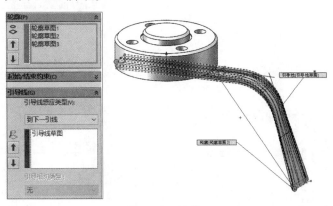，切除台阶孔，大孔深度为 8 mm，如图 3-77 所示。

图 3-77　放样 1

（6）单击"特征"工具栏中的"倒角"按钮 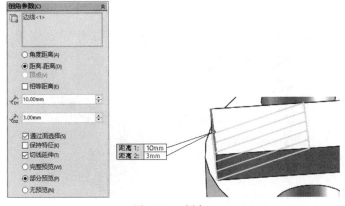，如图 3-78 所示。

图 3-78　倒角 1

3.1.10　夹持头建模

（1）在设计树中选择"基准面 2"，单击"草图"工具栏中的"草图绘制"按

钮 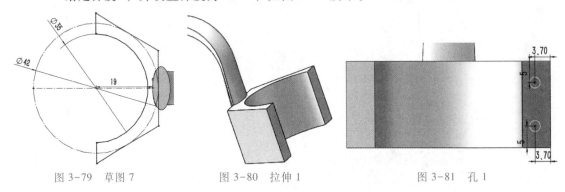，进入草图绘制状态，绘制如图3-79所示的草图作为轮廓草图。

（2）单击"特征"工具栏中的"拉伸凸台/基体"按钮 ，设置"终止条件"为"给定深度"，拉伸深度为20 mm，如图3-80所示。

（3）单击"特征"工具栏中的"异型孔向导"按钮 ，孔类型选择"孔"，"标准"选择GB，"类型"选择"螺纹钻孔"，"大小"选择M3，"终止条件"选择"给定深度"，并设置深度为4 mm，如图3-81所示。

图3-79　草图7　　　　　　图3-80　拉伸1　　　　　　图3-81　孔1

（4）单击"特征"工具栏中的"镜像"按钮 ，将M3螺纹孔镜像到另一侧，如图3-82所示。

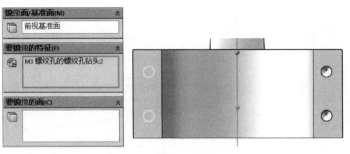

图3-82　镜像

（5）单击"特征"工具栏中的"拔模"按钮 ，如图3-83所示。

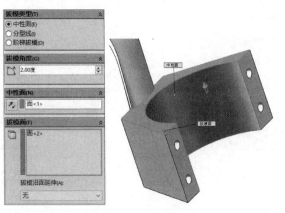

图3-83　拔模

任务拓展

3.1.11　圆角特征

教学课件
圆角特征

圆角特征是在零件上生成内圆角面或者外圆角面的一种特征。圆角特征在零件设计中起着重要作用。大多数情况下，如果能在零件特征上加入圆角，则有助于造型上的变化，或是产生平滑效果。

SolidWorks 可以在一个面的所有边线上、所选的多组面上、所选的边线或者边线环上创建圆角。Solidworks 中可创建如图 3-84 所示的几种圆角特征。

图 3-84　SolidWorks 中圆角特征类型

* 等半径圆角：对所选边线以相同的圆角半径进行倒圆角操作。
* 多半径圆角：可以为每条边线选择不同的圆角半径进行倒圆角操作。
* 圆形角圆角：通过控制角部边线之间的过渡，消除两条边线汇合处的尖锐接合点。
* 逆转圆角：可以在混合曲面之间沿着零件边线进入圆角，生成平滑过渡。
* 变半径圆角：可以为边线的每个顶点指定不同的圆角半径。
* 面圆角：通过它可以将不相邻的面混合起来。
* 完整圆角：生成相切于三个相邻面组（一个或多个面相切）的圆角。

圆角特征都是在如图 3-85 所示的"圆角"属性管理器中设定的。

图 3-85　"圆角"属性管理器

1. 创建圆角的一般规则

在创建圆角特征时，为了达到用户所需要的效果，通常遵循以下规则。

（1）在添加小圆角之前先添加较大圆角。当有多个圆角汇聚于一个顶点时，先生成较大圆角。

（2）如果要生成具有多个圆角边线及拔模面的模具零件时，在大多数情况下，应在添加圆角之前先添加拔模特征。

（3）应该最后添加装饰用的圆角。在大多数其他几何体定位后再尝试添加装饰圆角。如果先添加装饰圆角，则系统需要花很多的时间重建零件。

（4）尽量使用一个圆角命令来处理需要相同半径的多条连线，这样会加快零件重构的速度。但是，当改变圆角的半径时，在同一操作中生成的所有圆角都会发生改变。

微课
边线选择工具

微课
等半径圆角

2. 边线选择

在创建圆角的过程中，为了准确捕捉到用户所期望的边线，可使用如图 3-86 所示的边线选择工具，选择某种方式组合的模型边线。边线选择工具有多种，并且会根据所选的边的类型和位置而发生变化，选择不同工具后的效果如图 3-87 所示。

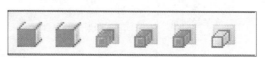

图 3-86　边线选择工具

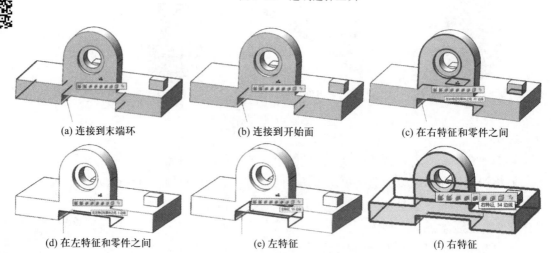

(a) 连接到末端环　　　(b) 连接到开始面　　　(c) 在右特征和零件之间

(d) 在左特征和零件之间　　　(e) 左特征　　　(f) 右特征

图 3-87　不同边线选择工具的效果

3. 创建圆角特征

（1）等半径圆角。

等半径圆角特征是指对所选边线以相同的圆角半径进行倒圆角的操作。

要生成等半径圆角特征，可按如下操作步骤进行。

① 单击"特征"工具栏中的"圆角"按钮，或选择菜单栏中的"插入"|"特征"|"圆角"命令。

② 在出现的"圆角"属性管理器中设置"圆角类型"为"恒定大小"，此时的"圆角项目"面板如图 3-88 所示。

● （边线、面、特征和环）：在图形区域选择要进行圆角处理的实体。

● 切线延伸：将圆角延伸到所有与所选面相切的面。

● 完整预览：显示所有边线的圆角预览。

● 部分预览：只显示一条边线的圆角预览。可按 A 键来依次观看每个圆角预览。

图 3-88　等半径圆角的"圆角项目"面板

● 无预览：可提高复杂模型的重建时间。

③ 单击"圆角项目"面板中的 列表框，并在图形区域中选择要进行圆角处理的模型边线、面或环。

④ 如果在"圆角项目"面板中选中了"切线延伸"复选框，则圆角将延伸到与所选面或边线相切的所有面。

⑤ 在"圆角项目"面板中选择预览方式。

⑥ 在"圆角参数"面板的微调框中设置圆角的半径，如图 3-89 所示。

● （半径）：设定圆角半径。

● 多半径圆角：以边线不同的半径值生成圆角。使用不同半径的 3 条边线可以生成边角。但不能为具有共同边线的面或环指定多个半径。

⑦ 在如图 3-90 所示的"圆角选项"面板中选中"通过面选择"和"保持特征"复选框。

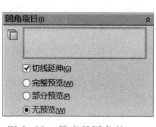
微课
"圆角项目"面板简介

图 3-89　等半径圆角的"圆角参数"面板

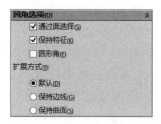
图 3-90　等半径圆角的"圆角选项"面板

保持特征：如果应用一个大到可覆盖特征的圆角半径，则保持切除或凸台特征可见。取消选中该复选框，则以圆角包罗切除或凸台特征。

如图 3-91（a）所示模型，将保持特征应用到正面凸台和右切除特征的圆角模型如图 3-91（b）所示，将保持特征应用到所有圆角的模型如图 3-91（c）所示。

(a) 未倒圆角

(b) 部分使用"保持特征"

(c) 全部使用"保持特征"

图 3-91　"保持特征"应用

⑧ 在"圆角选项"面板的"扩展方式"选项组中选择一种扩展方式。

"扩展方式"选项组用来控制在单一闭合边线（如圆、样条曲线、椭圆）上圆角在与边线汇合时的行为，主要包括以下选项。

- 默认：系统根据集合条件选择保持边线或保持曲面。
- 保持边线：模型边线保持不变，而圆角调整，在许多情况下，圆角的顶边线中会有沉陷。
- 保持曲面：圆角边线调整为连续和平滑，而模型边线更改以与圆角边线匹配。

⑨ 单击"确定"按钮 ✅，生成等半径圆角特征，如图 3-92 所示。

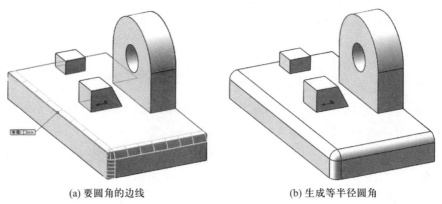

(a) 要圆角的边线　　　　　　　(b) 生成等半径圆角

图 3-92　等半径圆角特征

（2）多半径圆角。

当同时对多条边倒圆角时，可以为每条边线选择不同的圆角半径值，还可以为具有公共边线的面指定多个半径。

要生成多半径圆角特征，可按如下操作步骤进行。

① 单击"特征"工具栏中的"圆角"按钮 ，或选择菜单栏中的"插入"|"特征"|"圆角"命令，此时会出现"圆角"属性管理器。

② 在"圆角项目"面板中，单击 列表框，并在图形区域中选择要进行圆角处理的模型边线、面或环。

③ 在"圆角参数"面板的 微调框中设置默认圆角的半径。

④ 在出现的"圆角参数"面板中，选中"多半径圆角"复选框。

⑤ 在图形区域中修改不同于默认圆角半径的边线的半径值。

⑥ 单击"确定"按钮 ✅，生成多半径圆角特征，如图 3-93 所示。

（3）圆形角圆角。

使用圆形角圆角特征可以控制角部边线之间的过渡，圆形角圆角将混合邻接的边线，从而消除两条线汇合处的尖锐接合点。

要生成圆形角圆角特征，可按如下操作步骤进行。

① 单击"特征"工具栏中的"圆角"按钮，或选择菜单栏中的"插入"|"特征"|"圆角"命令，此时会出现"圆角"属性管理器。

② 设置"圆角类型"为"恒定大小"。

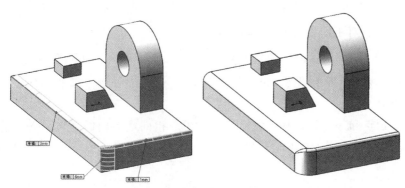

图 3-93　多半径圆角特征

③ 在"圆角项目"面板中，取消选中"切线延伸"复选框。

④ 单击□列表框，并在图形区域中选择两个或更多相邻的模型边线、面或环。

⑤ 在"圆角参数"面板的⁄⁄微调框中设置圆角的半径数值。

⑥ 选中"圆角选项"面板中的"圆形角"复选框。该选项用来生成带圆形角的等半径圆角。使用时必须选择至少两个相邻边线来圆角化。

⑦ 单击"确定"按钮✔，生成圆形角圆角特征，如图 3-94 所示。

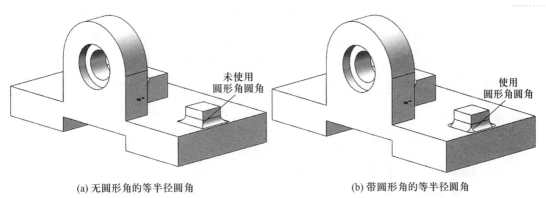

(a) 无圆形角的等半径圆角　　　　　　　　(b) 带圆形角的等半径圆角

图 3-94　圆形角圆角特征

（4）逆转圆角。

使用逆转圆角特征可以在混合曲面之间沿着零件边线生成圆角，从而形成平滑过渡。

如果要生成逆转圆角特征，可按如下操作步骤进行。

① 生成一个零件，该零件应该包括边线、相交和希望混合的顶点。

② 单击"特征"工具栏中的"圆角"按钮◎，或选择菜单栏中的"插入"|"特征"|"圆角"命令，此时会出现"圆角"属性管理器。

③ 在"圆角类型"面板中保持默认设置"恒定大小"。

④ 在"圆角项目"面板中，单击□列表框，并在图形区域中选择 3 个或更多具有共同顶点的边线。

微课
逆转圆角

⑤ 在"圆角参数"面板的  微调框中设置圆角的半径数值，可选中"多半径圆角"复选框，对不同边设置不同的圆角半径。

⑥ 在如图 3-95 所示的"逆转参数"面板的 ⚲（距离）微调框中设置距离。

"逆转参数"面板中的选项可使得圆角在混合曲面之间沿着零件边线进入圆角生成平滑的过渡。

选择一顶点和一半径，然后为每条边线指定相同或不同的逆转距离。逆转距离为沿每条边线的点，圆角在此开始混合到在共同顶点相遇的 3 个面，如图 3-96 所示。

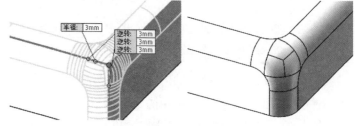

图 3-95　"逆转参数"面板　　　　　图 3-96　逆转圆角的应用

⑦ 单击 ▢ 列表框，并在图形区域中选择一个或多个外顶点作为逆转顶点。

⑧ 单击"设定所有"按钮，将相等的逆转距离应用到通过每个顶点的所有边线。逆转距离将显示在逆转距离列表框和图形区域内的标注中。

- "设定未指定的"按钮：将当前的距离 ⚲ 应用到在逆转距离 ⅄ 下无指定距离的所有边线。

- "设定所有"按钮：将当前的距离 ⚲ 应用到逆转距离 ⅄ 下的所有边线。

⑨ 如果要对每一条边线分别设定不同的逆转距离，则进行如下操作。

- 在 ⚲ 微调框中为每一条边线设置逆转距离。

- 单击 ▢ 列表框，并在图形区域中选择拥有多边线的外顶点作为逆转顶点。

- 在 ⅄ 列表框中会显示每条边线的逆转距离。

⑩ 单击"确定"按钮 ✔，生成逆转圆角特征，如图 3-97 所示。

（5）变半径圆角。

变半径圆角特征通过对进行圆角处理的边线上的多个点（变半径控制点）指定不同的圆角半径来生成圆角，因而可以制造出另类的效果。

如果要生成变半径圆角特征，可按如下操作步骤进行。

① 单击"特征"工具栏中的"圆角"按钮 ⌀，或选择菜单栏中的"插入"|"特征"|"圆角"命令，此时会出现"圆角"属性管理器。

② 设置"圆角类型"为"变半径"，此时的"圆角项目"面板如图 3-98 所示。

微课
变半径圆角

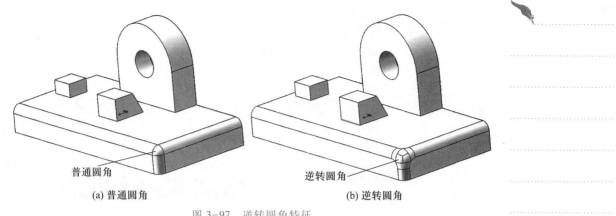

(a) 普通圆角　　　　　　　　　(b) 逆转圆角

图 3-97　逆转圆角特征

③ 单击 列表框，并在图形区域中选择要进行变半径圆角处理的边线。此时在图形区域中，系统会默认使用 3 个变半径控制点，分别位于边线的 25%、50% 和 75% 的等距离处。

④ 在如图 3-99 所示"变半径参数"面板的 列表框中选择变半径控制点，然后在 （半径）微调框中输入圆角半径值。

图 3-98　变半径圆角的"圆角项目"面板　　图 3-99　"变半径参数"面板

⑤ 如果要改变半径控制点的位置，可以通过鼠标拖动控制点到新的位置。

⑥ 如果要改变控制点的数量，可以在 微调框中设置控制点的数量。

⑦ 设置过渡类型。

● 平滑过渡：生成一个圆角，当一个圆角边线与一个邻面结合时，圆角半径从一个半径平滑地变化为另一个半径。

● 直线过渡：生成一个圆角，圆角半径从一个半径线性地变化成另一个半径，但是不与邻近圆角的边线相结合。

⑧ 单击"确定"按钮 ，生成变半径圆角特征，如图 3-100 所示。

（6）面圆角。

面圆角特征用来在两个不相邻的面之间创建圆角特征。

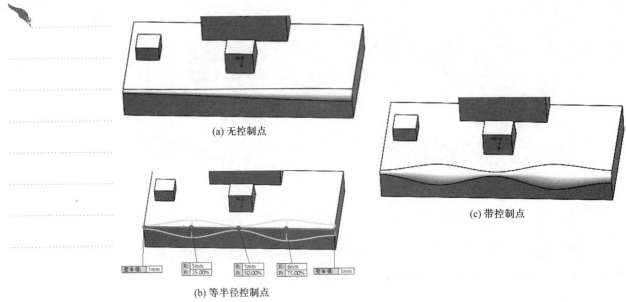

(a) 无控制点

(c) 带控制点

(b) 等半径控制点

图 3-100　变半径圆角特征

如果要生成面圆角特征，可按如下操作步骤进行。

① 在 SolidWorks 中生成具有两个或多个相邻、不连续面的零件。

② 单击"特征"工具栏中的"圆角"按钮 ，或选择菜单栏中的"插入"|"特征"|"圆角"命令，此时会出现"圆角"属性管理器。

③ 设置"圆角类型"为"面圆角"，此时的"圆角项目"面板如图 3-101 所示，"圆角参数"面板如图 3-102 所示。

微课
面圆角

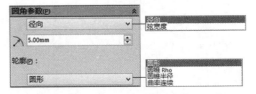

图 3-101　面圆角的"圆角项目"面板　　　图 3-102　面圆角的"圆角参数"面板

- （面组 1）：在图形区域中选择要混合的第一个面或第一组面。

- （面组 2）：在图形区域中选择要与面组 1 混合的面。

④ 在图形区域中选择要混合的第一个面或第一组面，所选的面将在 （面组 1）列表框中显示。

⑤ 在图形区域中选择要混合的第二个面或第二组面，所选的面将在 （面组 2）列表框中显示。

提示
如果为面组 1 或面组 2 选择一个以上的面，则每组面必须平滑连接以使面圆角妥当增值到所有面。

⑥ 选中"切线延伸"复选框，使圆角应用到相切面。

⑦ 在"圆角参数"面板的 ![微调图标] 微调框中设定面圆角半径。

• 径向：根据半径定义圆角，效果如图 3-103 所示。

• 弦宽度：根据弦宽度定义圆角。通过 ![弦宽度图标]（弦宽度）设置弦宽度，效果如图 3-104 所示。

图 3-103　根据半径定义面圆角　　　图 3-104　根据弦宽度定义面圆角

⑧ "轮廓"下拉列表框用于定义圆角的横截面形状。

• 圆锥 Rho：设置定义曲线重量的比率，输入介于 0 和 1 之间的值。

• 圆锥半径：设置沿曲线肩部点的曲率半径。

• 曲率连续：解决不连续问题并在相邻曲面之间生成更平滑的曲率。曲率连续圆角不同于标准圆角。它们有一样条曲线横断面，而不是圆形横断面。曲率连续圆角比标准圆角更平滑，因为边界处在曲率中无跳跃。标准圆角包括一边界处跳跃，因为它们在边界处相切连续。欲核实曲率连续性的效果，可显示斑马条纹，也可使用曲率工具分析曲率。

⑨ "圆角选项"面板如图 3-105 所示。

• 通过面选择：可通过隐藏边线的面选择边线。

• 包络控制线：选择零件上一边线或面上一投影分割线作为决定面圆角形状的边界。圆角的半径由控制线和要圆角化的边线之间的距离驱动。此选项仅限半径圆角，效果如图 3-106 所示。

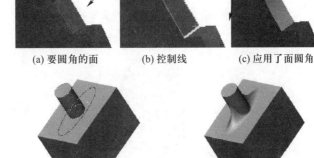

(a) 要圆角的面　　(b) 控制线　　(c) 应用了面圆角

(d) 投射的分割线为控制线　　(e) 应用了分割线面圆角

图 3-105　面圆角的"圆角选项"面板

图 3-106　包络控制线应用

● 辅助点：可以在图形区域中通过在插入圆角的附近插入辅助点来定位插入混合面的位置。在可能不清楚在何处发生面混合时，辅助点可以解决模糊选择。在辅助点顶点中单击，然后单击要插入面圆角的边侧上的一个顶点，圆角在靠近辅助点的位置处生成。

⑩ 单击"确定"按钮 ，生成面圆角特征，如图 3-107 所示。

（7）完整圆角。

生成相切于 3 个相邻面组（一个或多个面相切）的圆角。

如果要生成完整圆角特征，可按如下操作步骤进行。

① 单击"特征"工具栏中的"圆角"按钮 ，或选择菜单栏中的"插入"|"特征"|"圆角"命令，此时会出现"圆角"属性管理器。

② 设置"圆角类型"为"完整圆角"，此时的"圆角项目"面板如图 3-108 所示。

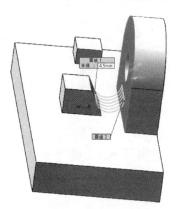
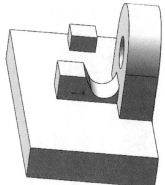

(a) 选择了面组1和面组2　　　(b) 应用了面圆角

图 3-107　面圆角特征

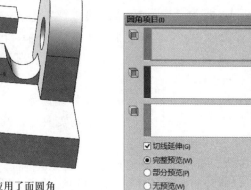

图 3-108　完整圆角的
"圆角项目"面板

③ 选择 3 个相邻面组。

● （边侧面组 1）：选择第一个边侧面。

● （中央面组）：选择中央面。

● （边侧面组 2）：选择与 （边侧面组 1）相反的面组。

④ 单击"确定"按钮 ，生成完整圆角特征，如图 3-109 所示。

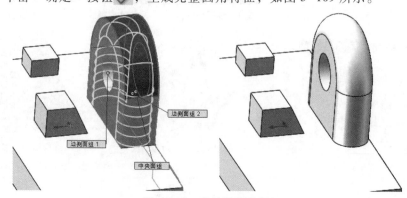

图 3-109　完整圆角特征

任务 2　焊枪设计

任务分析

本任务要完成如图 3-110 所示焊枪模型的绘制。该零件中间主体部分的创建，需要使用旋转特征；上部分的气管及下部分的焊枪管由于为弯曲外形，且各截面外形相同，可使用扫描特征创建；枪嘴部分可使用拉伸特征创建；最后还需要对各直角进行倒角处理。通过本任务的学习，读者能掌握旋转、扫描、倒角等特征操作，并巩固拉伸特征的操作方法。

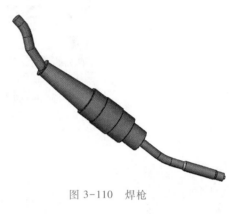

图 3-110　焊枪

相关知识

3.2.1　扫描特征

扫描特征是某一轮廓沿着一条路径移动，以生成基体、凸台、曲面或者进行切除的一种特征。

1. "扫描"属性管理器

在一个基准面上绘制一个闭环的非相交轮廓，然后使用草图、现有的模型边线或曲线生成轮廓将遵循的路径，单击"特征"工具栏中的"扫描"按钮 <0xF0><0x9F><0x9F>，此时会出现如图 3-111 所示的"扫描"属性管理器。

扫描特征都是在"扫描"属性管理器中设定的，下面介绍"扫描"属性管理器中各选项的含义。

（1）"轮廓和路径"面板。

"轮廓和路径"面板如图 3-112 所示，其各选项的含义如下。

① <0xF0><0x9F><0x9F>（轮廓）：设定用来生成扫描的草图轮廓（截面）。扫描时应在图形区域或特征管理器中选取草图轮廓。基体或凸台扫描特征的轮廓应为闭环，而曲面扫描特征的轮廓可为开环或闭环。

② <0xF0><0x9F><0x9F>（路径）：设定轮廓扫描的路径。扫描时应在图形区域或特征管理器中选取路径草图。

轮廓和路径必须遵循以下规则。

- 扫描路径可以为开环或闭环。
- 扫描路径可以是一张草图中包含的一组草图曲线、一条曲线或一组模型边线。
- 轮廓的基准面必须位于路径的起点，轮廓与路径最好建立穿透关系。
- 不论是轮廓、路径或所形成的实体，都不能出现自相交叉的情况。

（2）"选项"面板。

"选项"面板如图 3-113 所示，各选项的含义如下。

图 3-111 "扫描"属性管理器

图 3-112 "轮廓和路径"面板

图 3-113 "选项"面板

图 3-114 "方向/扭转控制"选项

① 方向/扭转控制：用来控制轮廓 $\circlearrowleft^0$ 在沿路径 $\circlearrowleft$ 扫描时的方向。其包含选项如图 3-114 所示，各选项含义分别如下。

● 随路径变化：截面与路径的角度始终保持不变。

● 保持法向不变：截面始终与起始界面保持平行。

● 随路径和第一引导线变化：如果引导线不只一条，选择该选项将使扫描随第一引导线变化。

● 随第一和第二引导线变化：如果引导线不只一条，选择该选项将使扫描随第一和第二引导线同时变化。

● 沿路径扭转：按给定的度数、弧度或旋转圈数，沿路径扭转截面。

● 以法向不变沿路径扭曲：截面在沿路径扭转时保持与起始截面平行。

"方向/扭转控制"各选项的效果如图 3-115 所示。

② 定义方式：该选项在"方向/扭转控制"为"沿路径扭转"或"以法向不变沿路径扭曲"时可用，其包含的选项如下。

● 扭转定义：定义扭转。选项有度数、弧度、旋转，如图 3-116 所示。

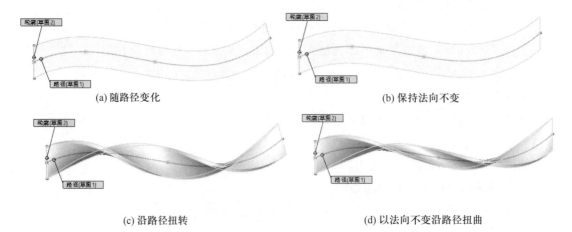

(a) 随路径变化   (b) 保持法向不变

(c) 沿路径扭转   (d) 以法向不变沿路径扭曲

图 3-115 方向/扭转控制效果

- 扭转角度：在扭转中设定需扭转的度数、弧度或旋转圈数。

③ 路径对齐类型：该选项在"方向/扭转控制"为"随路径变化"时可用，表示当路径上出现少许波动和不均匀波动，使轮廓不能对齐时，可以将轮廓稳定下来。其包含的选项如图 3-117 所示，各选项含义分别如下。

- 无：垂直于轮廓而对齐轮廓，不进行纠正。
- 最小扭转（只对于 3D 路径）：阻止轮廓在随路径变化时自我相交。
- 方向向量：以为方向向量所选择的方向对齐轮廓，并选择设定方向向量的实体。
- 所有面：当路径包括相邻面时，使扫描轮廓在几何关系可能的情况下与相邻面相切。

④ 方向向量：如图 3-118 所示，该选项在"路径对齐类型"为"方向向量"时可用，表示选择一基准面、平面、直线、边线、圆柱、轴、特征上顶点组等来设定方向向量。

图 3-116　扭转定义

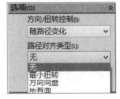

图 3-117　路径对齐类型

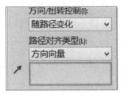

图 3-118　方向向量

⑤ 合并切面：如果扫描轮廓具有相切线段，可使所产生的扫描中的相应曲面相切。保持相切的面可以是基准面、圆柱面或锥面。扫描时其他相邻面被合并，轮廓被近似处理。草图圆弧可以转换为样条曲线。

⑥ 显示预览：显示扫描的上色预览。取消选中该复选框，将只显示轮廓和路径。

⑦ 合并结果：将实体合并成一个实体。

⑧ 与结束端面对齐：将扫描轮廓继续到路径所碰到的最后面。扫描的面被延伸或缩短以与扫描端点处的面匹配，而不要求额外几何体。此选项常用于螺旋线。

（3）"引导线"面板。

"引导线"面板如图 3-119 所示，其各选项的含义如下。

图 3-119　"引导线"面板

① ⛚（引导线）：在轮廓沿路径扫描时加以引导。使用时需要在图形区域选择引导线。

②"上移"⬆ 或"下移"⬇ 按钮：用来调整引导线的顺序。

③ 合并平滑的面：消除以改进带引导线扫描的性能，并在引导线或路径不是曲率连续的所有点处分割扫描。

④ ⛐（显示截面）：显示扫描的截面，如图 3-120 所示。使用时可以通过微调按钮按截面数观看轮廓。

（4）"起始处/结束处相切"面板。

"起始处/结束处相切"面板如图 3-121 所示，其各选项的含义如下。

① 起始处相切类型：其中包含的选项如图 3-122 所示，各选项含义分别如下。

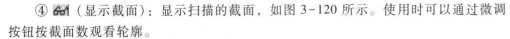

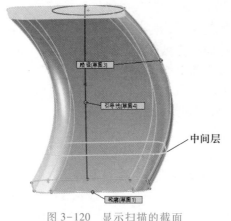

图 3-120 显示扫描的截面   图 3-121 "起始处/结   图 3-122 "起始处相切
束处相切"面板   类型"选项

- 无：不应用相切。
- 路径相切：垂直于开始点沿路径生成扫描。

② 结束处相切类型：各选项含义分别如下。

- 无：不应用相切。
- 路径相切：垂直于结束点沿路径生成扫描。

（5）"薄壁特征"面板。

选中"薄壁特征"复选框，以生成一薄壁特征扫描。使用实体特征扫描与使用薄壁特征扫描的对比如图 3-123 所示。

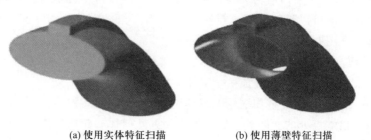

(a) 使用实体特征扫描   (b) 使用薄壁特征扫描

图 3-123 薄壁特征

"薄壁特征"面板如图 3-124 所示。其中，薄壁特征类型如图 3-125 所示，各选项的含义如下。

图 3-124 "薄壁特征"面板   图 3-125 薄壁特征类型

- 单向：使用厚度 值以单一方向从轮廓生成薄壁特征。根据需要，可单击"反向"按钮 。
- 两侧对称：以两个方向应用同一厚度 值而从轮廓以双向生成薄壁特征。

● 双向：从轮廓以双向生成薄壁特征。可为厚度 和厚度 设定单独数值。

2. 凸台扫描

微课
凸台扫描建模

【实例】绘制如图 3-126 所示的开口销。

（1）在前视基准面上绘制草图路径，如图 3-127 所示。

图 3-126　开口销

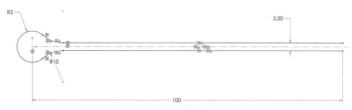

图 3-127　路径草图

（2）在一个右视基准面上绘制一个闭环的非相交轮廓，并与轮廓建立穿透关系，如图 3-128 所示。

（3）单击"特征"工具栏中的"扫描"按钮 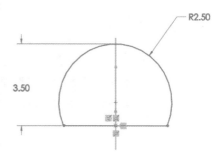，或选择菜单栏中的"插入"|"凸台/基体"|"扫描"命令。

（4）在出现的"扫描"属性管理器中，单击 （轮廓）列表框，并在图形区域中选择轮廓草图（图 3-128 所示草图）。如果预先选择了轮廓草图，则草图将显示在对应的属性管理器方框内。

图 3-128　轮廓草图

（5）单击 （路径）列表框，并在图形区域中选择路径草图（图 3-127 所示草图）。同样，如果预先选择了路径草图，则草图将显示在对应的属性管理器方框内。

（6）在"方向/扭转控制"下拉列表中，选择"随路径变化"选项。

（7）如果要生成薄壁特征扫描，则选中"薄壁特征"复选框，激活"薄壁特征"面板，选择薄壁特征类型并设置薄壁厚度。

（8）单击"确定"按钮 ，即可完成凸台扫描特征的生成。

3. 引导线扫描

SolidWorks 不仅可以生成等截面的扫描，还可以生成截面也发生变化的扫描——引导线扫描。使用引导线扫描生成的零件如图 3-129 所示。

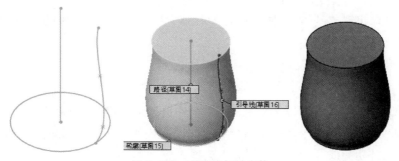

图 3-129　引导线扫描实体

在利用引导线扫描特征之前，应该注意以下几点。

- 应该先生成扫描路径和引导线，然后再生成截面轮廓。
- 引导线必须要和轮廓相交于一点，作为扫描曲面的顶点。
- 最好在截面草图上添加引导线的点和截面相交处之间的穿透关系。

【实例】绘制如图 3-130 所示的吊钩。

（1）在前视基准面上绘制引导线草图，如图 3-131 所示。

微课
引导线扫描建模

虚拟实训
扫描特征

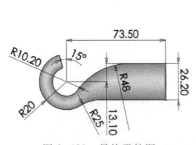

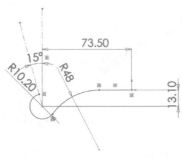

图 3-130 吊钩零件图　　　　　　图 3-131 引导线草图

（2）在前视基准面上绘制扫描路径，如图 3-132 所示。

（3）在路径的端点处建立一个与路径垂直的基准面，绘制扫描轮廓，如图 3-133 所示。轮廓草图上绘制有一中心线，其两个端点分别与引导线草图、路径草图建立穿透关系。

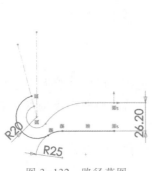

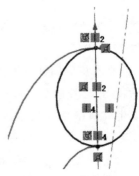

图 3-132 路径草图　　　　　　图 3-133 轮廓草图

（4）单击"特征"工具栏中的"扫描"按钮 ⓖ，或选择菜单栏中的"插入"|"基体/凸台"|"扫描"命令。

（5）此时出现"基体-扫描"属性管理器，同时在图形区域中显示生成的基体或凸台扫描特征。

（6）在"轮廓和路径"面板中，执行如下操作。

- 单击 ⓒ（轮廓）列表框，在图形区域中选择轮廓草图。
- 单击 ⓒ（路径）列表框，在图形区域中选择路径草图。如果选中"显示预览"复选框，此时在图形区域中将显示不随引导线变化截面的扫描特征，如图 3-134 所示。

（7）在"引导线"面板中设置如下选项。

- 单击 ⓒ（引导线）列表框，在图形区域中选择引导线。此时在图形区域中将显示随着引导线变化截面的扫描特征，如图 3-135 所示。

● 单击"显示截面"按钮 ⑥⑥1，然后单击微调按钮来根据截面数查看并修正轮廓。

（8）在"选项"面板的"方向/扭转控制"下拉列表中选择"随路径变化"。

（9）在"起始处/结束处相切"面板中可以设置起始、结束处的相切类型为"路径相切"。

（10）单击"确定"按钮，完成引导线扫描，如图 3-136 所示。

提示

扫描路径和引导线的长度可能不同，如果引导线比扫描路径长，扫描将使用扫描路径的长度；如果引导线比扫描路径短，扫描将使用最短的引导线的长度。

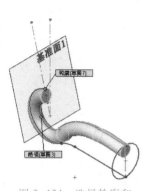　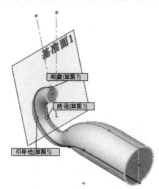　

图 3-134　选择轮廓和　　　　图 3-135　引导线扫描特征　　　图 3-136　扫描特征实体
　　　　　路径的扫描特征

任务实施

3.2.2　焊枪主体建模

微课
焊枪建模

（1）单击 SolidWorks "标准"工具栏中的"新建"按钮 ⬜，或选择菜单栏中的"文件"|"新建"命令，在弹出的"新建 SolidWorks 文件"对话框中单击"零件"按钮及"确定"按钮，进入 SolidWorks 零件设计环境。

（2）选择前视基准面绘制草图外形，如图 3-137 所示，其位置约束关系如图 3-138 所示，尺寸约束如图 3-139 所示。

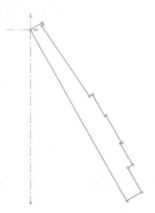　　　　　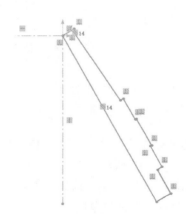

图 3-137　草图外形　　　　　图 3-138　位置约束关系

（3）退出草图。选中如图 3-140 所示的直线为旋转中心，使其高亮显示。单击"特征"工具栏中的"旋转凸台/基体"按钮 ⬦，或选择菜单栏中的"插入"|"凸台/基体"|"旋转"命令，系统弹出如图 3-141 所示的"旋转"属性管理器，图形区域可预览出旋转效果，如图 3-142 所示。

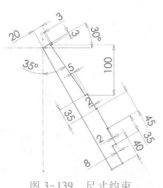

图 3-139   尺寸约束

图 3-140   旋转中心选择

（4）此处无须修改任何参数，直接单击"确定"按钮 ✅，获得焊枪主体结构，如图 3-143 所示。

图 3-141   "旋转"属性管理器

图 3-142   预览旋转效果

图 3-143   焊枪主体结构

3.2.3   气管和焊枪管建模

1. 气管建模

（1）选择前视基准面，在焊枪主体的顶部绘制路径草图，如图 3-144 所示，其尺寸约束如图 3-145 所示。

（2）如图 3-146 所示，以焊枪主体最顶部的面为基准，绘制一同心圆轮廓草图。注意，本步骤后不要退出草图。

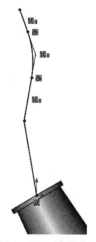
图 3-144　路径草图

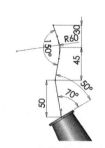
图 3-145　路径草图尺寸约束

图 3-146　轮廓草图

（3）选中该轮廓草图的圆心，再按住 Ctrl 键，继续选取步骤（1）所绘制的路径草图直线，如图 3-147 所示，则弹出如图 3-148 所示的"属性"属性管理器。选择添加几何关系"穿透" ![穿透] 后单击"确定"按钮 ![确定]，建立轮廓草图与路径草图间的穿透关系，如图 3-149 所示。

（4）单击"退出草图"按钮，退出轮廓草图。保证所有草图都未激活，为灰色显示。

（5）单击"特征"工具栏中的"扫描"按钮 ![扫描]，或选择菜单栏中的"插入"|"凸台/基体"|"扫描"命令。在出现的"扫描"属性管理器中，单击 ![轮廓]（轮廓）列表框，在图形区域中选择轮廓草图（步骤（2）所绘草图）。

（6）单击 ![路径]（路径）列表框，在图形区域中选择路径草图（步骤（1）所绘草图）。

（7）单击"确定"按钮 ![确定]，即可完成气管扫描特征的生成，如图 3-150 所示。

图 3-147　穿透约束直线选取

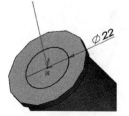
图 3-149　穿透约束创建效果

图 3-148　"属性"属性管理器

图 3-150　生成气管扫描特征

2. 焊枪管建模

（1）选择前视基准面，在焊枪主体的底部绘制路径草图，如图 3-151 所示，其尺寸约束如图 3-152 所示。

（2）如图 3-153 所示，以焊枪主体最底部的面为基准，绘制一同心圆轮廓草图。注意，本步骤后不要退出草图。

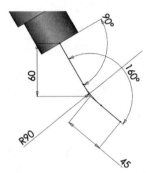

图 3-151　路径草图　　　　图 3-152　路径草图尺寸约束　　　　图 3-153　轮廓草图

（3）选中该轮廓草图的圆心，再按住 Ctrl 键，继续选取步骤（1）所绘制的路径草图直线，如图 3-154 所示，则弹出"属性"属性管理器。选择添加几何关系"穿透" 后单击"确定"按钮 ，建立轮廓草图与路径草图间的穿透关系，如图 3-155 所示。

（4）单击"退出草图"按钮，退出轮廓草图。保证所有草图都未激活，为灰色显示。

（5）单击"特征"工具栏中的"扫描"按钮 ，或选择菜单栏中的"插入"|"凸台/基体"|"扫描"命令。在出现的"扫描"属性管理器中，单击 （轮廓）列表框，在图形区域中选择轮廓草图（步骤（2）所绘草图）。

（6）单击 （路径）列表框，在图形区域中选择路径草图（步骤（1）所绘草图）。

（7）单击"确定"按钮 ，即可完成焊枪管扫描特征的生成，如图 3-156 所示。

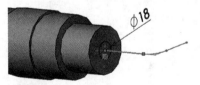

图 3-154　穿透约束直线选取

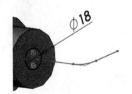

图 3-155　穿透约束创建效果

图 3-156　生成焊枪管扫描特征

3.2.4　焊枪嘴建模

（1）选择焊枪管底部平面为基准面，绘制一同心圆草图，如图 3-157 所示。

（2）退出草图，选中该草图为拉伸对象，使其高亮显示。单击"特征"工具栏中的"拉伸凸台/基体"按钮，或选择菜单栏中的"插入"|"凸台/基体"|"拉伸"命令，在出现的"凸台-拉伸"属性管理器中设置各参数，如图 3-158 所示。图形区域的拉伸预览如图 3-159 所示。

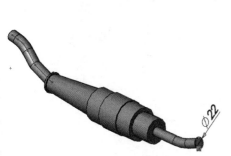

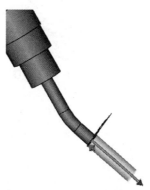

图 3-157　拉伸草图1绘制　　　图 3-158　拉伸1参数设置　　图 3-159　拉伸1效果预览

（3）单击"确定"按钮，完成拉伸特征的生成。

（4）选择上一步所生成的拉伸特征底部平面为基准面，绘制一同心圆草图，如图 3-160 所示。

（5）退出草图，选中该草图为拉伸对象，使其高亮显示。单击"特征"工具栏中的"拉伸凸台/基体"按钮，或选择菜单栏中的"插入"|"凸台/基体"|"拉伸"命令，在出现的"凸台-拉伸"属性管理器中设置各参数，如图 3-161 所示。图形区域的拉伸预览如图 3-162 所示。

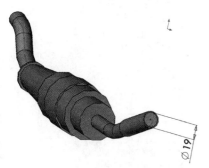

图 3-160　拉伸草图2绘制　　　图 3-161　拉伸2参数设置　　图 3-162　拉伸2效果预览

（6）单击"确定"按钮，完成拉伸特征的生成。

（7）选择上一步所生成的拉伸特征底部平面为基准面，绘制一同心圆草图，如图 3-163 所示。

（8）退出草图，选中该草图为拉伸对象，使其高亮显示。单击"特征"工具栏

中的"拉伸凸台/基体"按钮 ，或选择菜单栏中的"插入"|"凸台/基体"|"拉伸"命令，在出现的"凸台-拉伸"属性管理器中设置各参数，如图 3-164 所示。图形区域的拉伸预览如图 3-165 所示。

图 3-163　拉伸草图 3 绘制　图 3-164　拉伸 3 参数设置　图 3-165　拉伸 3 效果预览

（9）单击"确定"按钮 ，完成拉伸特征的生成。

3.2.5　焊枪倒角

（1）单击"特征"工具栏中的"倒角"按钮 ，或选择菜单栏中的"插入"|"特征"|"倒角"命令，弹出"倒角"属性管理器。

（2）单击 （边线和面或顶点）列表框，在图形区域中选择倒角边，如图 3-166 所示。

（3）在"倒角"属性管理器中设置各参数，如图 3-167 所示。

图 3-166　倒角 1 对象选择　　　　图 3-167　倒角 1 参数设置

（4）单击"确定"按钮 ，完成倒角。

（5）单击"特征"工具栏中的"倒角"按钮 ，或选择菜单栏中的"插入"|"特

征"|"倒角"命令，弹出"倒角"属性管理器。

（6）单击 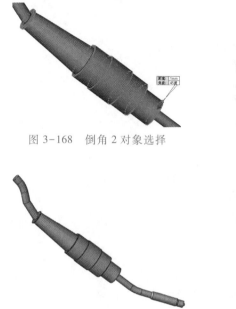（边线和面或顶点）列表框，在图形区域中选择倒角边，如图 3-168 所示。

（7）在"倒角"属性管理器中设置各参数，如图 3-169 所示。

（8）单击"确定"按钮 ✔，完成倒角，如图 3-170 所示。焊枪建模完成。

图 3-168　倒角 2 对象选择

图 3-170　倒角效果

图 3-169　倒角 2 参数设置

任务拓展

3.2.6　扫描切除特征

扫描切除特征属于切割特征，其创建方法和选项含义与扫描特征基本一致。扫描切除分为轮廓扫描切除和实体扫描切除两类。生成扫描切除特征的零件效果如图 3-171 所示。

(a) 轮廓扫描切除效果

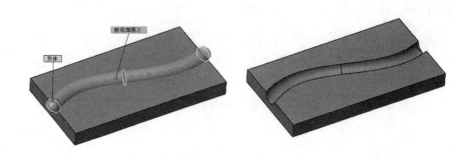

(b) 实体扫描切除效果

图 3-171　扫描切除效果

【实例】绘制 M10 螺杆的螺纹。

(1) 利用拉伸特征，绘制一圆柱体，直径为 10 mm，长度为 50 mm。

(2) 选择菜单栏中的 "插入" | "曲线" | "螺旋线/涡状线" 命令，绘制一条螺旋线作为扫描路径，如图 3-172 所示。螺距为 1.5 mm，圈数为 17.3。

(3) 在螺旋线端点处建立一个与前视基准面平行的基准面，绘制一三角形轮廓草图，如图 3-173 所示，三角形的端点与路径建立穿透关系。

(4) 选择菜单栏中的 "插入" | "切除" | "扫描" 命令，出现 "切除-扫描" 属性管理器。

(5) 单击 (轮廓) 列表框，在图形区域中选择轮廓草图。

(6) 单击 (路径) 列表框，在图形区域中选择路径。

(7) 其他选项的设置同凸台扫描一致。

(8) 单击 "确定" 按钮，即可完成扫描切除特征的生成，如图 3-174 所示。

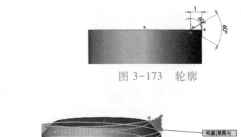

图 3-173　轮廓

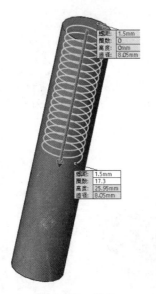

图 3-172　路径

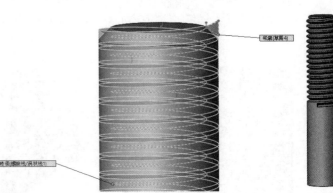

图 3-174　扫描切除特征实体

项目小结

本项目主要介绍了多边形、椭圆草绘命令的相关操作以及编辑草图的方法，也介绍了扫描、放样、镜像、拔模、倒角、圆角等特征的使用方法和技巧。草图绘制和特征建模是 SolidWorks 重要的知识，需要掌握这些基本操作方法，并在实际中加以灵活运用，以便达到设计目的。通过本项目的学习，应重点掌握草图基本工具的应用，以及尺寸标注、几何约束、草图编辑、特征创建、编辑特征等命令，进一步掌握实体设计的一般步骤和应用技巧。

思考与练习答案

思考与练习

一、选择题

1. 利用旋转特征建模时，旋转轴和旋转轮廓应位于（　　　）中。

A. 同一草图中

B. 不同草图中

C. 可在同一草图中，也可不在同一草图中

2. 在圆周阵列特征中，（　　　）不能作为方向参数。

A. 圆形轮廓边线　　　　B. 角度尺寸　　　　　C. 线性轴

3. 下面关于扫描特征的描述，哪个不是必需的（　　　）。

A. 对于基体或凸台扫描特征，轮廓必须是闭环的

B. 路径必须为开环的

C. 路径的起点必须位于轮廓的基准面上

二、填空题

1. 放样的方式主要有_____、_____、_____。

2. 扫描特征只能有一条_____。

3. 旋转特征方式草图中不允许有多条_____。

4. SolidWorks 的圆角类型有_____、_____、_____、_____ 4 种。

三、简答题

1. 轮廓和路径之间必须遵循的规则有哪些？

2. 在利用引导线扫描特征之前，应该注意哪些方面？

四、上机题

1. 在 SolidWorks 中绘制如图 3-175 所示的零件。

2. 在 SolidWorks 中绘制如图 3-176 所示的零件。

3. 在 SolidWorks 中绘制如图 3-177 所示的零件。

4. 在 SolidWorks 中绘制如图 3-178 所示的零件。

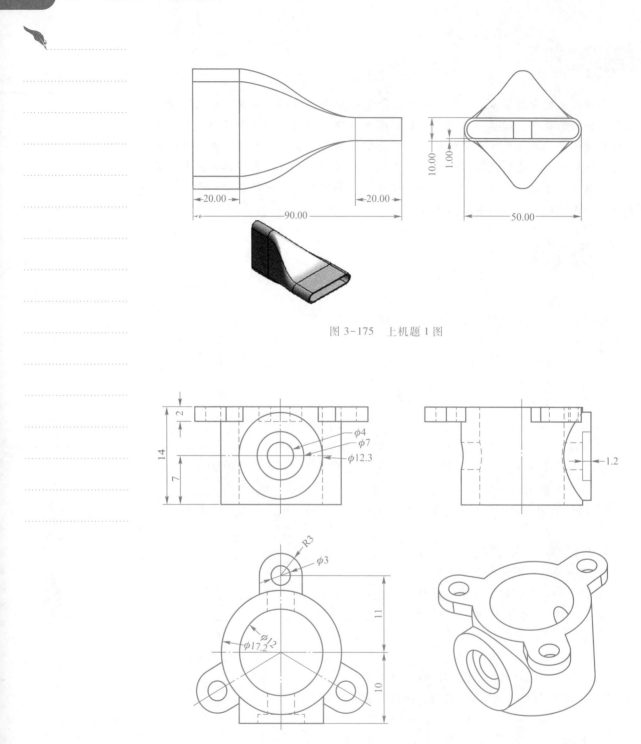

图 3-175　上机题 1 图

图 3-176　上机题 2 图

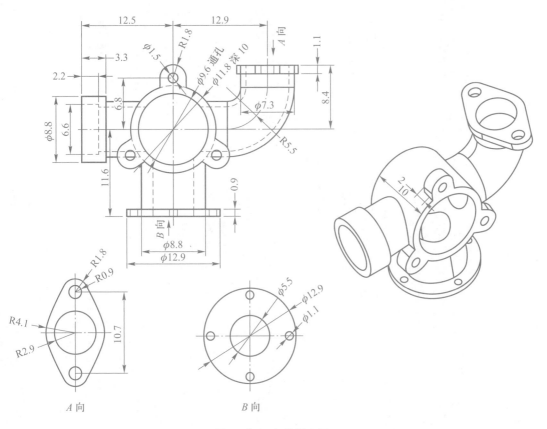

图 3-177　上机题 3 图

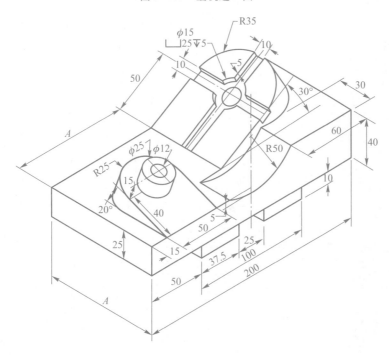

图 3-178　上机题 4 图

项目 **4**

工业机器人上下料工作站
旋转上料机设计

在工业生产中经常需要给机加工的数控机床、冲压设备等进行零件的放置和抓取，在使用工业机器人等设备抓取零件时需要固定零件的位置，本项目要完成一个给工业机器人抓取设备上料的上料机建模。在本项目中将学习抽壳、筋等细节特征建模，还要学习使用方程式驱动曲线来完成复杂零件的建模。

📖 知识目标

- 掌握草图的各种状态。
- 掌握草图绘制规则。
- 掌握方程式驱动曲线的使用方法。
- 掌握抽壳、筋等细节特征的使用方法。
- 掌握草图镜像的方法。
- 掌握转换实体引用的操作方法。

☑ 技能目标

- 掌握草图绘制的规则和技巧。
- 掌握三维建模的设计意图和技巧。
- 掌握方程式驱动曲线的操作方法和技巧。
- 掌握抽壳、筋等细节特征的操作方法和技巧。
- 掌握草图镜像的操作方法和技巧。

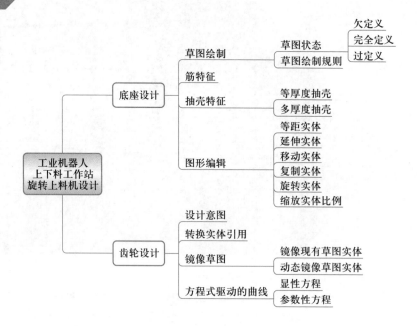

任务分析

本任务要完成如图 4-1 所示底座模型的绘制。该零件主要由多根杆件构成的基体、安装孔及安装板构成。基体建模时可以多次使用阵列命令及抽壳命令完成，安装孔可以使用异型孔向导完成，安装板可以使用筋命令及镜像命令快速完成。通过本任务的学习，读者能掌握抽壳、筋等细节特征操作，并巩固阵列、异型孔向导、镜像等特征的操作方法。

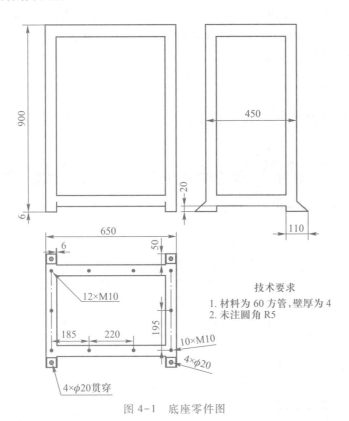

提示
该零件实际是通过焊接制作的，在该处经过了提炼。

技术要求
1. 材料为 60 方管，壁厚为 4
2. 未注圆角 R5

图 4-1　底座零件图

相关知识

4.1.1　草图状态

草图状态由草图几何体与尺寸之间的几何关系来决定，草图的状态显示于 Solid-Works 窗口底端的状态栏中，在任何时候，草图都处于 5 种定义状态之一，即完全定义、过定义、欠定义、无法找到解和发现无效的解。最常见的 3 种定义状态分别是：欠定义、完全定义和过定义。

（1）欠定义：草图中的一些尺寸或几何关系未定义，可以随意改变。可以拖动端

教学课件
草图状态

点、直线或曲线，直到草图实体改变形状。这种定义状态下的定义是不充分的，但是仍可以用这个草图创建特征。这是很有用的，因为在零件早期设计阶段的大部分时间里，并没有足够的信息来完全定义草图。随着设计的深入，会逐步得到更多有用的信息，可以随时为草图添加其他定义。欠定义的草图几何体是蓝色的。

（2）完全定义：草图具有完整的信息，草图中所有的直线和曲线及其位置，均由尺寸或几何关系或两者同时定义。一般来说，当零件完成最终的设计要进行下一步的加工时，零件的每一个草图都应该是完全定义的。完全定义的草图几何体是黑色的。

（3）过定义：草图中有重复的尺寸或相互冲突的几何关系，直到修改后才能使用。应该删除多余的尺寸或约束关系。过定义的草图几何体是红色的。

（4）无法找到解：草图未解出。显示导致草图不能解出的几何体、几何关系和尺寸。

（5）发现无效的解：草图虽解出但导致无效的几何体，如零长度线段、零半径圆弧或自相交叉的样条曲线。

4.1.2　草图绘制规则

不同类型的草图将产生不同的结果。表 4-1 中总结了一些不同类型的草图。

表 4-1　约束类型的对比

草图类型	描述	特别注意事项
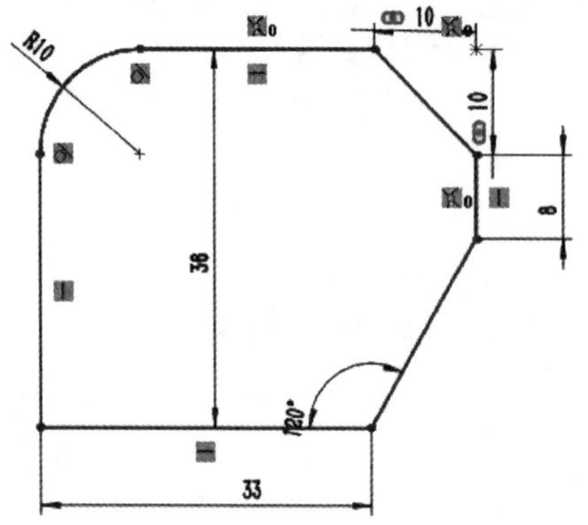	典型的"标准"草图，有单一封闭轮廓	无要求
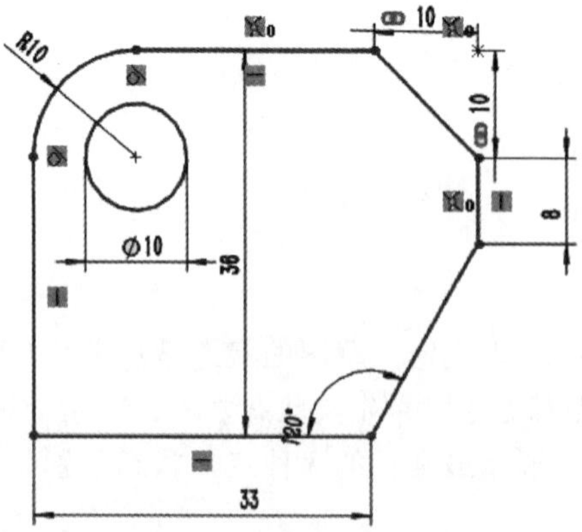	嵌套式封闭轮廓，可以用来创建具有内部被切除的凸台实体	无要求

续表

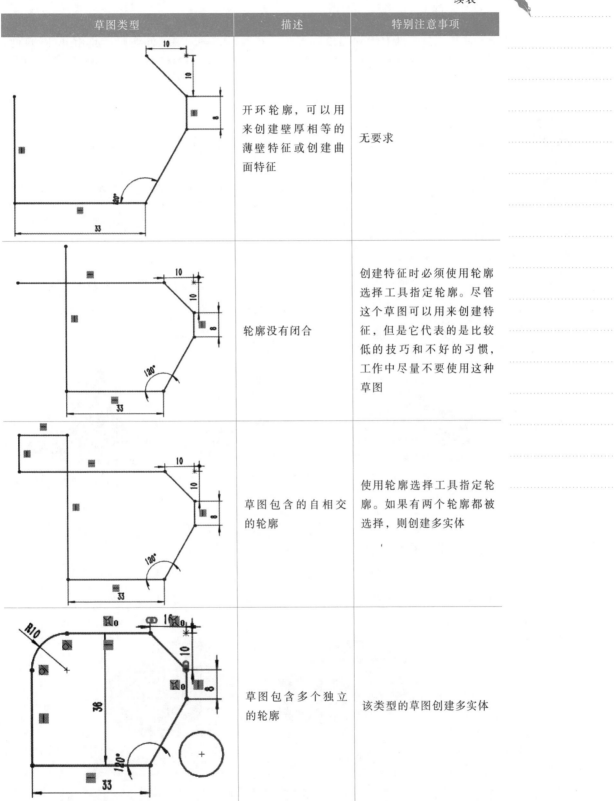

草图类型	描述	特别注意事项
	开环轮廓，可以用来创建壁厚相等的薄壁特征或创建曲面特征	无要求
	轮廓没有闭合	创建特征时必须使用轮廓选择工具指定轮廓。尽管这个草图可以用来创建特征，但是它代表的是比较低的技巧和不好的习惯，工作中尽量不要使用这种草图
	草图包含的自相交的轮廓	使用轮廓选择工具指定轮廓。如果有两个轮廓都被选择，则创建多实体
	草图包含多个独立的轮廓	该类型的草图创建多实体

4.1.3　筋

筋特征是零件上增加强度的部分，在 SolidWorks 中，筋实际上是由开环的草图轮廓生成的特殊类型的拉伸特征，其在草图轮廓与现有零件之间添加指定方向和厚度的材料。

1. 创建筋特征的一般步骤

（1）打开实例文件。

（2）选择一个基准面作为筋的草图绘制平面，绘制草图。

（3）单击"特征"工具栏中的"筋"按钮 🔌 ，或选择菜单栏中的"插入"|"特征"|"筋"命令，系统弹出"筋"属性管理器，如图 4-2 所示。

（4）设置"筋"属性管理器。

① 厚度：添加厚度到所选草图边上，有如下几种情况。

- ▤ （第一边）：只添加材料到草图的一边，如图 4-3（a）所示。

- ▤ （两边）：均等添加材料到草图的两边，如图 4-3（b）所示。

- ▤ （第二边）：只添加材料到草图的另一边，如图 4-3（c）所示。

- ⟋ₜ₁ （筋厚度）：设置筋的厚度。

图 4-2　"筋"
属性管理器

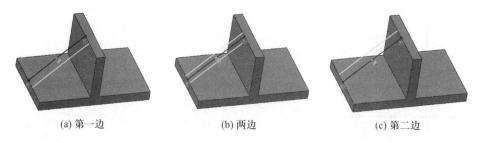

(a) 第一边　　　　　　　(b) 两边　　　　　　　(c) 第二边

图 4-3　厚度设置

② 拉伸方向：设置筋的拉伸方向，有如下两种情况。

- ◈ 平行于草图：平行于草图生成筋拉伸，如图 4-4（a）所示。

- ◈ 垂直于草图：垂直于草图生成筋拉伸，如图 4-4（b）所示。

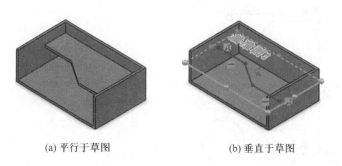

(a) 平行于草图　　　　　　　(b) 垂直于草图

图 4-4　拉伸方向设置

③ 反转材料方向：用于更改拉伸的方向，如图 4-5 所示。

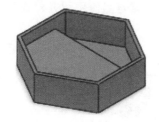

(a) 草图   (b) 取消选中"反转材料方向"复选框   (c) 选中"反转材料方向"复选框

图 4-5 反转材料方向设置

④ （拔模打开/关闭）：添加拔模到筋，需要设定拔模角度来指定拔模度数。

• 向外拔模：该选项在"拔模打开/关闭"被选择时可使用，表示生成一个向外的拔模角度，如取消选中，将生成一个向内的拔模角度，如图 4-6 所示。

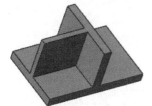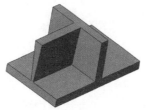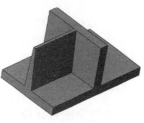

(a) 未使用拔模   (b) 取消选中"向外拔模"复选框   (c) 选中"向外拔模"复选框

图 4-6 拔模方向设置

• 在草图基准面处、在壁接口处：使用拔模时，该选项用于控制生成的肋板所设壁厚的位置在草图基准面处还是在与壁的接口处，如图 4-7 所示。

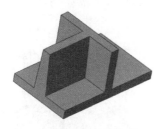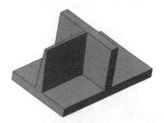

(a) 在草图基准面处   (b) 在与壁的接口处

图 4-7 拔模位置设置

⑤ 下一参考：当"拉伸方向"为"平行于草图"，且使用的草图轮廓不止一条直线时使用。用于切换拔模所使用的参考轮廓，如图 4-8 所示。

⑥ 类型：当"拉伸方向"为"垂直于草图"时使用，有两种情况，如图 4-9 所示。

• 线性：生成一与草图方向垂直而延伸草图轮廓（直到它们与边界汇合）的筋。

● 自然：生成一延伸草图轮廓的筋，以相同轮廓方程式延续，直到筋与边界汇合。例如，如果草图为圆的圆弧，则自然使用圆方程式延伸筋，直到与边界汇合。

|　(a) 草图　|　(b) 未单击"下一参考"选项　|　(c) 单击"下一参考"选项　|

图4-8　拔模参考轮廓设置

|　(a) 草图　|　(b) 线性　|　(c) 自然　|

图4-9　类型设置

（5）设置完成后，单击"筋"属性管理器中的"确定"按钮 ✅ ，完成筋特征的创建。

实例源文件
筋特征实例

微课
筋特征建模

提示
草图轮廓可以是开环，也可以是闭环，还可以是多个实体。

虚拟实训
筋特征

2. 创建筋特征

以一焊接零件为例，创建如图4-10所示的筋特征。

（1）打开实例源文件"筋特征实例"。

（2）使用一个与零件相交的基准面来绘制作为筋特征的草图轮廓，如图4-11所示。

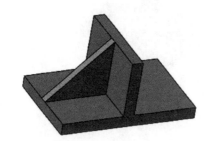

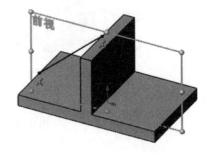

图4-10　筋特征实例　　　　　图4-11　绘制筋特征草图

（3）单击"特征"工具栏中的"筋"按钮 ，或选择菜单栏中的"插入"|"特征"|"筋"命令，此时会出现"筋"属性管理器。

（4）设置"筋"属性管理器：设置厚度生成方式为 （两边），并在 （筋厚度）中指定筋的厚度为5 mm，设置"拉伸方向"为 （平行于草图），取消选中

"反转材料方向"复选框。

（5）单击"确定"按钮，即可完成筋特征的操作，如图 4-10 所示。

4.1.4   抽壳

在零件建模过程中，抽壳特征能使一些复杂的工作简单化。当在实体零件上选择一个或多个面使用抽壳特征时，零件的内部被掏空，所选择的面敞开，其他的面生成薄壁特征。

生成的薄壁可以是等厚的，也可以是不等厚的，如图 4-12 所示。

(a) 抽壳前   (b) 等厚抽壳   (c) 不等厚抽壳

图 4-12   抽壳

如果没选择实体零件上的任何面进行抽壳，会生成一闭合、掏空的模型，如图 4-13 所示。

1. "抽壳"属性管理器

单击"特征"工具栏中的"抽壳"按钮 🖫，或选择菜单栏中的"插入"|"特征"|"抽壳"命令，会出现"抽壳"属性管理器。

抽壳特征都是在"抽壳"属性管理器中设定的，下面介绍"抽壳"属性管理器中各选项的含义。

（1）"参数"面板。

"参数"面板如图 4-14 所示，其各选项的含义如下。

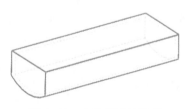

图 4-13   未选择面的抽壳   图 4-14   "参数"面板

① （厚度）：指定抽壳的厚度。

② （移除的面）：指定要移除的面。被指定的面将形成开口。

③ 壳厚朝外：选中此复选框，将以实体表面向外增加厚度，并把原实体抽掉的方式进行抽壳。

④ 显示预览：选中此复选框，可在图形区域预览抽壳效果。

（2）"多厚度设定"面板。

"多厚度设定"面板如图 4-15 所示，其各选项的含义如下。

① （多厚度面）：指定需要设置不同厚度的面。

② （多厚度）：指定每个多厚度面的壁厚。

2. 等厚度抽壳

如果要生成一个等厚度的抽壳特征，以一壳体为例，可按如下操作步骤进行。

（1）打开实例源文件"等厚度抽壳"，单击"特征"工具栏中的"抽壳"按钮，或选择菜单栏中的"插入"|"特征"|"抽壳"命令，会出现"抽壳"属性管理器。

图 4-15　"多厚度设定"面板

（2）在"参数"面板的 （厚度）微调框中指定抽壳的厚度（如指定为 2 mm）。

（3）单击（移除的面）列表框，并在图形区域中选择要移除的面，如图 4-16 所示。

（4）如果需要增加零件外部尺寸，将原来的实体抽空，选中"壳厚朝外"复选框。

（5）单击"确定"按钮后，生成等厚度抽壳特征，如图 4-17 所示。

图 4-16　选取移除面　　　　图 4-17　等厚度抽壳效果

3. 多厚度抽壳

如果要生成一个多厚度的抽壳特征，可按如下操作步骤进行。

（1）打开实例源文件"多厚度抽壳"，单击"特征"工具栏中的"抽壳"按钮，或选择菜单栏中的"插入"|"特征"|"抽壳"命令，会出现"抽壳"属性管理器。

（2）在"参数"面板的 （厚度）微调框中指定抽壳的主要厚度（如指定为 3 mm）。

（3）单击（移除的面）列表框，并在图形区域中选择要移除的面，如图 4-18 所示。

（4）选中"显示预览"复选框。

（5）如果需要增加零件外部尺寸，将原来的实体抽空，选中"壳厚朝外"复选框。

（6）在"多厚度设定"面板中，单击（多厚度面）列表框，选择需要设置不同壁厚的面，如图 4-19 所示。

（7）在 （多厚度）微调框中指定该面的厚度（如指定为 6 mm）。

（8）重复步骤（6）、（7），直到为所有不同厚度面指定厚度为止。

（9）单击"确定"按钮，即可生成多厚度抽壳特征，如图 4-20 所示。

图 4-18 选择移除面

图 4-19 选取多厚度面

图 4-20 多厚度抽壳效果

任务实施

4.1.5 底座基体建模

（1）选择"文件"|"新建"命令，弹出"新建 SolidWorks 文件"对话框，在对话框中单击"零件"按钮，然后单击"确定"按钮。

（2）在设计树中选择"上视基准面"选项，单击"草图"工具栏中的"草图绘制"按钮 ，进入草图绘制状态，绘制如图 4-21 所示的草图。

（3）单击"特征"工具栏中的"拉伸凸台/基体"按钮 ，设置"终止条件"为"给定深度"，拉伸深度为 900 mm。

（4）单击"特征"工具栏中的"线性阵列"按钮 ，参数设置如图 4-22 所示，阵列结果如图 4-23 所示。

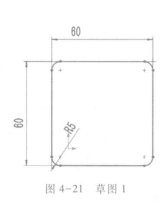

图 4-21 草图 1

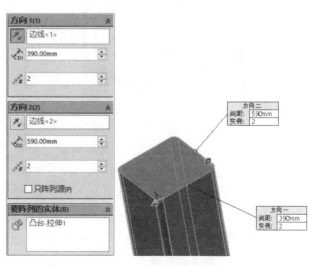

图 4-22 阵列 1 参数

（5）重复上面的步骤，完成其余杆件的建模，如图 4-24 所示。

（6）单击"特征"工具栏中的"线性阵列"按钮，设置壁厚为 4 mm，抽壳的为 4 个立柱的底面，如图 4-25 所示。

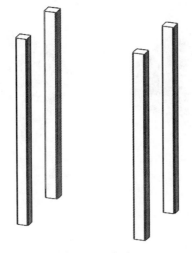

图 4-23 阵列 1

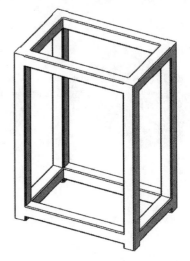

图 4-24 基体

4.1.6 细节特征建模

（1）选中零件立柱的下表面，单击"草图"工具栏中的"草图绘制"按钮，进入草图绘制状态，绘制如图 4-26 所示的草图。

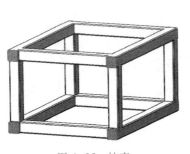

图 4-25 抽壳

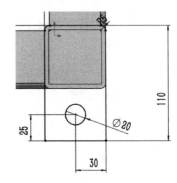

图 4-26 底板草图

（2）单击"特征"工具栏中的"拉伸凸台/基体"按钮，设置"终止条件"为"给定深度"，拉伸深度为 6 mm，如图 4-27 所示。

（3）单击"特征"工具栏中的"筋"按钮，选中需要加筋的位置的面，进入草图状态，绘制如图 4-28 所示的草图，单击"完成草图"按钮后，弹出"筋"属性管理器，在如图 4-29 所示的"参数"面板中，将厚度设置为 6 mm，单击"确定"按钮完成筋绘制。

（4）同理，完成底板另一侧筋的绘制，如图 4-30 所示。

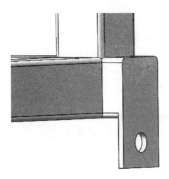

图 4-27　底板

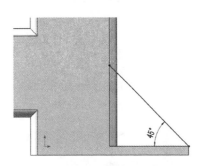

图 4-28　筋草图

图 4-29　筋参数

图 4-30　筋

（5）单击"特征"工具栏中的"基准面"按钮，选中物体立柱的两内侧面，建立基准面 1，如图 4-31 所示。

（6）单击"特征"工具栏中的"镜像"按钮，如图 4-32 所示。

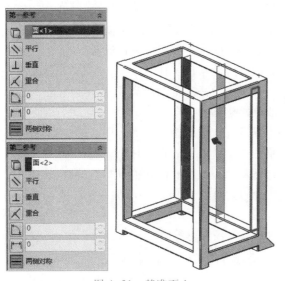

图 4-31　基准面 1

图 4-32　镜像 1

（7）同理，完成底板另一侧安装板的绘制，如图4-33所示。

（8）单击"特征"工具栏中的"异型孔向导"按钮🔲，孔类型选择"孔"，"标准"选择GB，"类型"选择"螺纹钻孔"，"大小"选择M10，"终止条件"选择"给定深度"，并设置深度为10 mm，位置在零件上表面，如图4-34所示。

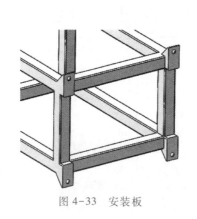

图4-33　安装板

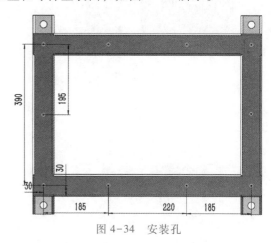

图4-34　安装孔

任务拓展

4.1.7　图形编辑

教学课件
图形编辑

实例源文件
等距实体源文件

1. 等距实体

等距实体工具用于按特定的距离等距一个或多个草图实体、所选模型边线、模型面或外部的草图曲线等。其操作过程如下。

（1）在草图编辑状态下，打开实例源文件"等距实体源文件"，单击"草图"工具栏中的"等距实体"按钮⯈，或选择菜单栏中的"工具"|"草图工具"|"等距实体"命令，此时弹出"等距实体"属性管理器，如图4-35所示。

（2）在"等距实体"属性管理器中，按照实际需要进行设置。

- 等距距离：设定等距距离数值来等距草图实体。
- 添加尺寸：选中此复选框将在草图中添加等距距离尺寸标注。
- 反向：选中此复选框将更改等距实体的方向。
- 选择链：选中此复选框将生成所有连续草图实体的等距。
- 双向：选中此复选框将在草图中生成双向等距实体。
- 制作基体结构：选中此复选框将原有草图实体转换到构造性直线。
- 顶端加盖：选中此复选框将通过选择"双向"并添加一顶盖来延伸原有非相交草图实体。

提示
在等距实体的草图中双击等距距离尺寸，就可更改尺寸数值，修改等距实体的距离。

（3）设置好"等距"属性管理器后，选择要等距的实体对象，单击"等距实体"属性管理器中的"确定"按钮✔，完成等距实体的绘制，如图4-36所示。

2. 延伸实体

延伸实体是常用的草图编辑命令，利用该工具可以将草图实体延伸至另外一个草图实体。其操作过程如下。

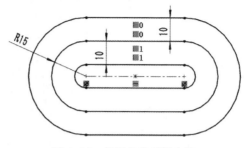

图 4-35　"等距实体"属性管理器　　　　图 4-36　等距后的草图实体

虚拟实训
绘制等距实体

（1）在草图编辑状态下，打开实例源文件"草图延伸源文件"，如图 4-37（a）所示。单击"草图"工具栏中的"延伸实体"按钮 **T**，或选择菜单栏中的"工具"｜"草图工具"｜"延伸实体"命令，鼠标指针变为 形状，进入草图延伸状态。

（2）选择需要延伸的草图实体，如图 4-37（b）所示。

实例源文件
草图延伸源文件

（3）延伸完成后，按 Esc 键退出草图延伸，延伸后图形如图 4-37（c）所示。

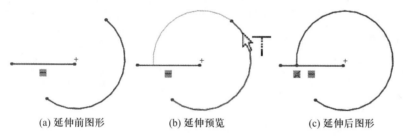

　　(a) 延伸前图形　　　　　(b) 延伸预览　　　　　(c) 延伸后图形

图 4-37　延伸实体

3. 移动实体

移动实体工具用于将一个或者多个草图实体移动一定距离，或以实体上一点为基准，将实体移至已有的草图上。其操作过程如下。

提示
要在移动过程中保留现有几何关系，则选中"保留几何关系"复选框；当取消选中"保留几何关系"复选框时，只有在所选项目和未被选择的项目之间的几何关系才被断开，所选项目之间的几何关系仍被保留。

（1）在草图编辑状态下，单击"草图"工具栏中的"移动实体"按钮 ，或选择菜单栏中的"工具"｜"草图工具"｜"移动"命令，此时弹出"移动"属性管理器，如图 4-38 所示。

（2）选择要移动的草图。

（3）设置移动参数：选中"从/到"单选按钮，再选择"起点"中的"基准点"选项，在图形中选择移动的起点，拖动鼠标到合适的位置；选中"X/Y"单选按钮后，设置 **ΔX** 和 **ΔY** 以定义草图实体沿 X 及 Y 方向移动的距离。

（4）设置好"移动"属性管理器后，单击"移动"属性管理器中的"确定"按钮 ，完成草图实体的移动。

提示
在选择要移动的草图实体后，按住 Shift 键并拖动鼠标，也可实现草图实体的移动。

4. 复制实体

复制实体工具用于将一个或者多个草图实体进行复制。其操作过程如下。

图 4-38 "移动"属性管理器

（1）在草图编辑状态下，单击"草图"工具栏中的"复制实体"按钮 ，或选择菜单栏中的"工具"|"草图工具"|"复制"命令，此时弹出"复制"属性管理器，如图 4-39 所示。

（2）选择要复制的草图。

（3）设置复制参数（与移动参数设置基本相同）。

（4）设置好"复制"属性管理器后，单击"复制"属性管理器中的"确定"按钮 ，完成草图实体的复制。

5. 旋转实体

旋转实体工具用于通过设置旋转中心及旋转的度数来旋转草图实体。其操作过程如下。

（1）在草图编辑状态下，单击"草图"工具栏中的"旋转实体"按钮 ，或选择菜单栏中的"工具"|"草图工具"|"旋转"命令，此时弹出"旋转"属性管理器，如图 4-40 所示。

提示
在选择要移动的草图实体后，按住 Ctrl 键并拖动鼠标，也可实现草图实体在同一个文件中的复制。

图 4-39 "复制"属性管理器

图 4-40 "旋转"属性管理器

（2）选择要旋转的草图。

（3）设置旋转参数：在"参数"面板的 （基准点）列表框中设置旋转中心，

此时鼠标指针变为 形状；在 （角度）微调框中设置旋转角度，或在图形区域中拖动鼠标。

（4）设置好"旋转"属性管理器后，单击"旋转"属性管理器中的"确定"按钮 ，完成草图实体的旋转。

6. 缩放实体比例

缩放实体比例工具通过基准点和比例因子对草图实体进行缩放，也可以根据需要在保留原缩放对象的基础上缩放草图。其操作过程如下。

（1）在草图编辑状态下，打开实例源文件"缩放草图源文件"，单击"草图"工具栏中的"缩放实体比例"按钮 ，或选择菜单栏中的"工具"|"草图工具"|"缩放比例"命令，此时弹出"比例"属性管理器，如图 4-41 所示。

实例源文件
缩放草图源文件

（2）选择要缩放的草图。

（3）设置缩放参数：在"参数"面板的 （基准点）列表框中，设置缩放基准点；在 （比例因子）微调框中设置缩放比例；选中"复制"复选框，表示可以将草图按比例缩放并保留原来的草图，如图 4-42 所示。

（4）设置好"比例"属性管理器后，单击"比例"属性管理器中的"确定"按钮 ，完成草图实体的按比例缩放。

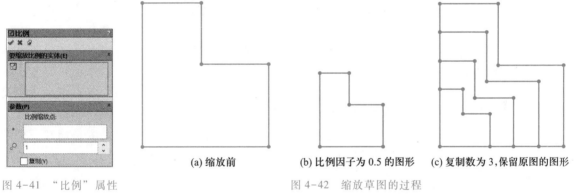

图 4-41 "比例"属性管理器

图 4-42 缩放草图的过程

(a) 缩放前　　(b) 比例因子为 0.5 的图形　　(c) 复制数为 3，保留原图的图形

任务 2　齿轮设计

任务分析

本任务要完成如图 4-43 所示齿轮模型的绘制。该零件主要由齿轮基体及其上的轮齿构成。基体建模时可以多次使用旋转命令、拉伸切除命令等完成，轮齿可以通过方程式驱动的曲线完成渐开线的创建。通过本任务的学习，读者能掌握使用方程式创建曲线的方法，完成复杂特征零件的建模，并巩固阵列、旋转、拉伸切除等特征的操作方法。

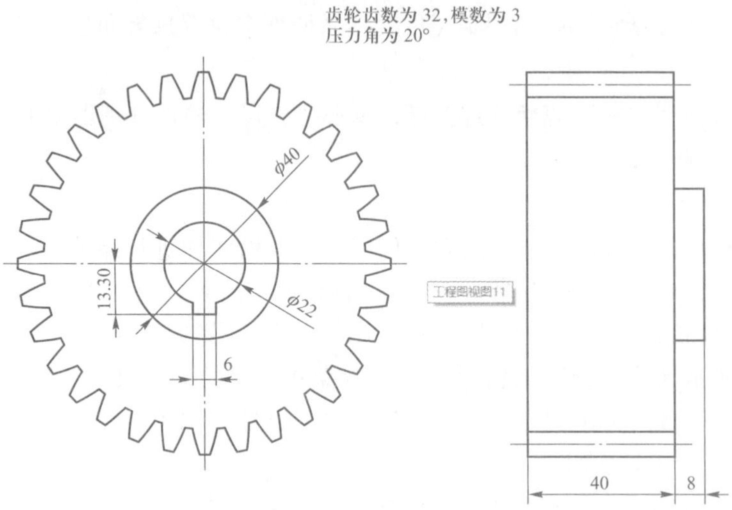

图 4-43 齿轮零件图

相关知识

4.2.1 设计意图

设计意图决定了零件是如何创建以及零件修改后是如何变化的。在草图中，可以通过以下两种途径捕捉和控制设计意图。

(1) 草图的几何关系：在草图元素之间创建几何关系，如平行、共线、垂直或同心等。

(2) 尺寸：草图中的尺寸用于定义草图几何体的大小和位置，可以添加线性尺寸、半径尺寸、直径尺寸或角度尺寸。

为了完全定义草图，并且捕捉所有希望的设计意图，要求设计人员能够正确理解和合理应用草图中的几何关系与尺寸组合。

4.2.2 转换实体引用

转换实体引用是指通过已有的模型或草图，将其边线、环、面、曲线、外部草图轮廓线、一组边线或一组草图曲线投影到草图基准面上，从而在草图基准面上生成一个或多个草图实体。使用该命令时，如果引用的实体发生改变，那么转换的草图实体也会发生相应的改变。

实例源文件 转换实体引用源文件

打开实例源文件“转换实体引用源文件”，操作过程如下。

(1) 选择需要添加草图的基准面，单击“草图”工具栏中的“草图绘制”按钮，进入草图绘制状态。

(2) 选取需要进行实体转换的边线，如果选取对象为多个，按住 Ctrl 键再选取。

(3) 单击“草图”工具栏中的“转换实体引用”按钮，或选择菜单栏中的“工具”|“草图工具”|“转换实体引用”命令，执行转换实体引用命令。

(4) 退出草图绘制状态，转换实体引用前后的图形如图 4-44 所示。

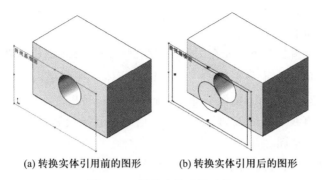

(a) 转换实体引用前的图形   (b) 转换实体引用后的图形

图 4-44 转换实体引用过程

4.2.3 镜像草图

在绘制草图时，经常需要绘制对称图形，此时可使用镜像实体命令来实现。SolidWorks 2014 提供了两种镜像方式，一种是镜像现有草图实体，另一种是在绘制草图时动态镜像草图实体。打开实例源文件"草图镜像源文件"，下面分别介绍两种镜像方式的操作。

1. 镜像现有草图实体

其操作过程如下。

（1）在草图编辑状态下，单击"草图"工具栏中的"镜像实体"按钮 ⚠，或选择菜单栏中的"工具"|"草图工具"|"镜像实体"命令，此时弹出"镜像"属性管理器，如图 4-45 所示。

（2）在"镜像"属性管理器中单击"要镜像的实体"列表框，然后在图形区域选择要镜像的草图实体。选中"复制"复选框表示镜像后，被镜像的实体仍然保留；取消选中"复制"复选框，则表示仅保留镜像后的草图实体。

（3）在"镜像"属性管理器中单击"镜像点"列表框，然后在图形区域选择镜像对称线。

（4）单击"镜像"属性管理器中的"确定"按钮 ✔，草图实体镜像完成，如图 4-46 所示。

实例源文件
草图镜像源文件

虚拟实训
草图镜像

提示
在 SolidWorks 2014 中，镜像点不再仅限于构造线，它可以是任意类型的直线。

图 4-45 "镜像"属性管理器

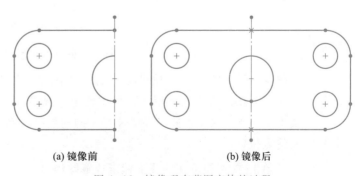

(a) 镜像前   (b) 镜像后

图 4-46 镜像现有草图实体的过程

2. 动态镜像草图实体

其操作过程如下。

（1）在草图编辑状态下，先在图形区域绘制一条中心线，并选取它。

（2）单击"草图"工具栏中的"动态镜像实体"按钮，或选择菜单栏中的"工具"|"草图工具"|"动态镜像"命令，此时对称符号出现在中心线的两端。

（3）单击"直线"绘图按钮，在对称线的一侧开始绘制草图，此时另一侧会动态地镜像出绘制的草图。

（4）绘制完成后，再次单击"动态镜像实体"按钮，结束命令的使用，如图4-47所示。

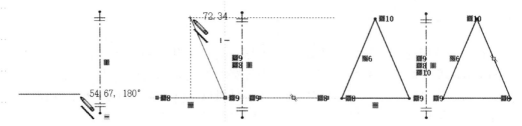

图4-47 动态镜像草图实体的过程

4.2.4 方程式驱动的曲线

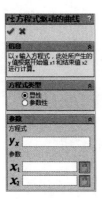

图4-48 "方程式驱动的曲线"
属性管理器

SolidWorks 在其草图绘制工具中添加了"方程式驱动的曲线"工具，用户可通过定义方程式来生成所需要的连续曲线。这种方法可以帮助用户设计生成所需要的精确数学曲线图形，目前可以定义"显性"和"参数性"两种方程式，如图4-48所示。

显性方程在定义了起点和终点处的 x 值以后，y 值会随着 x 值的范围自动得出；而参数性方程则需要定义曲线起点和终点处对应的参数 t 值范围，x 值表达式中含有变量 t，同时为 y 值定义另一个含有 t 值的表达式，这两个方程式都会在 t 的定义域范围内求解，从而生成需要的曲线。

1. 显性方程

（1）在"草图"工具栏中，单击"样条曲线"下拉按钮，然后选择"方程式驱动的曲线"，或选择菜单栏中的"工具"|"草图绘制实体"|"方程式驱动的曲线"命令，弹出"方程式驱动的曲线"属性管理器。

（2）在"方程式类型"面板中选中"显性"单选按钮。在"参数"面板中，y_x 文本框用于定义方程式，此处 y 是 x 的函数，x_1 和 x_2 文本框用于设置 x 的起点位置和终点位置。

单击按钮可在曲线上锁定或解除锁定起点或终点的位置。

- （锁定）：起点或终点被固定。

- （解除锁定）：可以沿曲线拖放起点或终点。

（3）在"参数"面板的 y_x 文本框中输入"2 * sin(5 * x+pi/2)"，在 x_1 文本框中输入"-pi/2"，在 x_2 文本框中输入"pi/2"，如图 4-49 所示。

2. 参数性方程

（1）在"草图"工具栏中，单击"样条曲线"下拉按钮，然后选择"方程式驱动的曲线"，或选择菜单栏中的"工具"|"草图绘制实体"|"方程式驱动的曲线"命令，弹出"方程式驱动的曲线"属性管理器。

（2）在"方程式类型"面板中选中"参数性"单选按钮，如图 4-50（a）所示。

（3）在"参数"面板的 x_t 文本框中输入"10 * (1+t) * cos(2 * t * pi)"，在 y_t 文本框中输入"10 * (1+t) * sin(2 * t * pi)"，在 t_1 文本框中输入"0"，在 t_2 文本框中输入"2"，绘制的曲线如图 4-50（b）所示。

> **提示**
> 在三维草图中还可以输入 z_t。

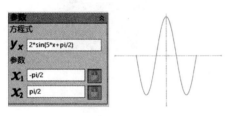

图 4-49　显性方程

(a) 选中"参数性"单选按钮

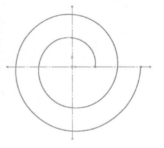

(b) 绘制效果

图 4-50　参数性方程

任务实施

4.2.5　齿轮基体建模

> **微课**
> 小齿轮建模

（1）选择菜单栏中的"文件"|"新建"命令，弹出"新建 SolidWorks 文件"对话框，在对话框中单击"零件"按钮，然后单击"确定"按钮。

（2）在设计树中选择"上视基准面"选项，单击"草图"工具栏中的"草图绘制"按钮，进入草图绘制状态，绘制如图 4-51 所示的草图。

（3）单击"特征"工具栏中的"旋转凸台/基体"按钮，如图 4-52 所示。

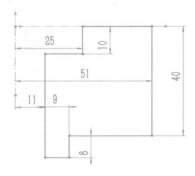

图 4-51　草图 1

图 4-52　旋转 1

4.2.6 轮齿建模

（1）选中圆柱的前表面，单击"草图"工具栏中的"草图绘制"按钮 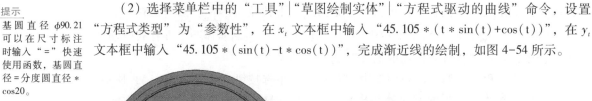，进入草图绘制状态，绘制如图 4-53 所示的草图。

（2）选择菜单栏中的"工具"|"草图绘制实体"|"方程式驱动的曲线"命令，设置"方程式类型"为"参数性"，在 x_t 文本框中输入"45.105 * (t * sin(t)+cos(t))"，在 y_t 文本框中输入"45.105 * (sin(t)-t * cos(t))"，完成渐近线的绘制，如图 4-54 所示。

提示
基圆直径 φ90.21 可以在尺寸标注时输入"="快速使用函数，基圆直径=分度圆直径 * cos20。

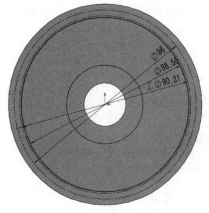

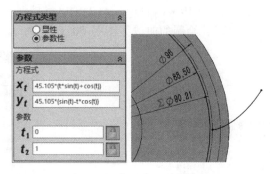

图 4-53　草图 2　　　　　　　　图 4-54　草图 2 上的渐近线

（3）在草图 2 上完成其余草图部分的绘制，如图 4-55 所示。

（4）单击"特征"工具栏中的"拉伸切除"按钮 ，设置"终止条件"为"完全贯穿"，如图 4-56 所示。

（5）单击"特征"工具栏中的"圆周阵列"按钮 ，阵列轴选择"临时轴"，阵列数为 32 个，如图 4-57 所示。

提示
标注圆弧尺寸时先单击圆弧的两个端点，然后再单击圆弧；在做其他部分时可以将渐近线固定。

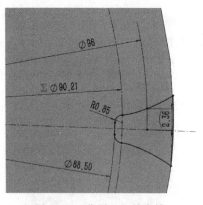

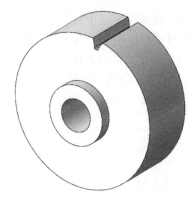

图 4-55　草图 2 上的齿槽　　　　图 4-56　拉伸切除 1

（6）选中圆柱的前表面，单击"草图"工具栏中的"草图绘制"按钮 ，进入草图绘制状态，绘制如图 4-58 所示的草图。

（7）单击"特征"工具栏中的"拉伸切除"按钮 ，设置"终止条件"为"完全贯穿"，如图 4-59 所示。

图 4-57　齿槽的圆周阵列

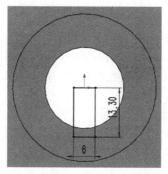

图 4-58　草图 3

图 4-59　拉伸切除 2

项目小结

本项目以旋转上料机为载体，主要介绍了草图的状态和绘制规则，介绍了三维模型的设计意图，讲解了筋、抽壳等特征命令和镜像草图等草图编辑命令的使用方法，说明了方程式驱动的曲线绘制方法。只有掌握这些绘制理念和操作方法，并在实际中加以灵活运用，才能进一步掌握 SolidWorks 的建模方法。通过本项目的学习，应重点掌握筋、抽壳特征命令和镜像草图命令，进一步掌握草图设计的应用技巧。

思考与练习

思考与练习答案

一、选择题

1. 筋特征中，用于更改拉伸方向的选项是（　　　　）。

A. "反转材料方向"选项　　　　　　B. "拉伸方向"选项

C. "厚度"选项

2. 如果没选择模型上的任何面，对一实体零件抽壳，会（　　　　）。

A. 出现错误提示　　　　　　　　　B. 生成一个闭合的空腔

C. 按前视图基准面抽壳　　　　　　D. 按后视图基准面抽壳

3. 下列说法中正确的是（　　　　）。

A. 驱动尺寸放置在方程式的左边

B. 驱动尺寸放置在方程式的右边

C. 将驱动尺寸同时放置在方程式两边，可实现递归

D. 驱动尺寸放置在方程式的左边或右边都可以

二、填空题

1. 生成筋特征前，必须先绘制一个与零件_____的草图。

2. 筋特征中的"拉伸方向"选项组包括_____、_____两个选项。

3. 对实体进行抽壳时，_____结果中产生不同的壁厚。

三、简答题

1. 简述等厚度抽壳的操作步骤。

2. 简述方程式的作用和使用方法。

四、上机题

1. 在 SolidWorks 中绘制如图 4-60 所示的零件。

2. 在 SolidWorks 中绘制如图 4-61 所示的零件。

3. 在 SolidWorks 中绘制如图 4-62 所示的零件。

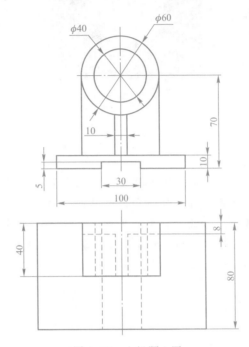

图 4-60   上机题 1 图

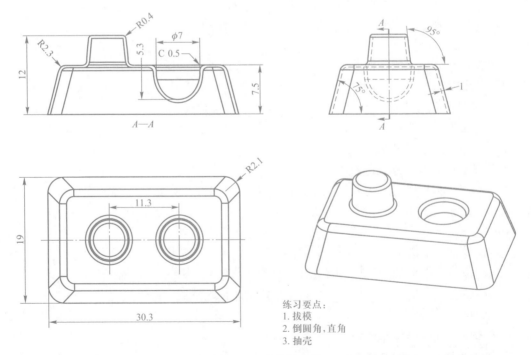

图 4-61   上机题 2 图

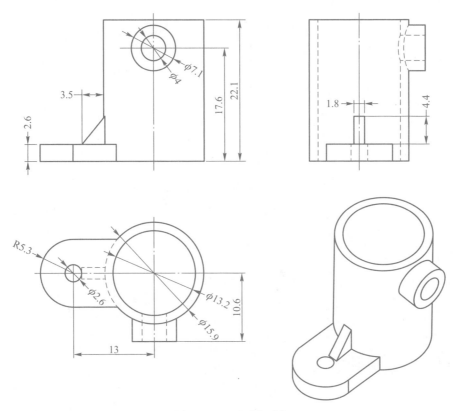

图 4-62　上机题 3 图

项目 **5**

工业机器人示教器设计

随着现代制造业对外观、功能、实用设计等角度的要求的提高，曲线曲面造型越来越被广大工业领域的产品设计所应用，这些行业主要包括电子产品外形设计行业、航空航天领域以及汽车零部件业等。

本项目以介绍曲线、曲面的基本功能为主，其中曲线部分主要介绍常用的几种曲线的生成方法。在 SolidWorks 中，可以使用以下方法来生成三维曲线：投影曲线、组合曲线、螺旋线和涡状线、分割线、通过模型点的样条曲线、通过 XYZ 点的曲线等。

曲面是一种可用来生成实体特征的几何体。本项目主要介绍在"曲面"工具栏中常用到的曲面工具，以及对曲面的修改方法，如拉伸曲面、剪裁曲面、缝合曲面、旋转曲面、延展曲面等。

📖 知识目标

- 了解空间曲线的创建原理和方法。
- 了解造型曲面的设计方法和用途。
- 掌握曲面特征创建的基本方法与技巧。
- 掌握基本曲面的创建方法。

☑ 技能目标

- 了解空间曲线的各种常用操作及其应用。
- 了解曲面的实体化原理和设计方法。
- 掌握边界混合曲面特征的创建原理和方法。
- 掌握曲面的修剪操作和技巧。
- 掌握曲面合并操作的原理和技巧。

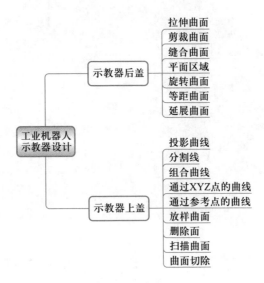

工业机器人
示教器设计

示教器后盖
- 拉伸曲面
- 剪裁曲面
- 缝合曲面
- 平面区域
- 旋转曲面
- 等距曲面
- 延展曲面

示教器上盖
- 投影曲线
- 分割线
- 组合曲线
- 通过XYZ点的曲线
- 通过参考点的曲线
- 放样曲面
- 删除面
- 扫描曲面
- 曲面切除

任务 1　示教器后盖设计

任务分析

本任务要完成如图 5-1 所示示教器后盖模型的绘制。该零件主体由壳体底座、手托组成，通过拉伸曲面、裁剪曲面、缝合曲面、平面区域、圆角、加厚等建模命令可以完成。通过本任务的学习，读者能掌握曲面建模的方法，并能使用拉伸曲面、裁剪曲面、缝合曲面等命令完成简单零件的曲面建模。

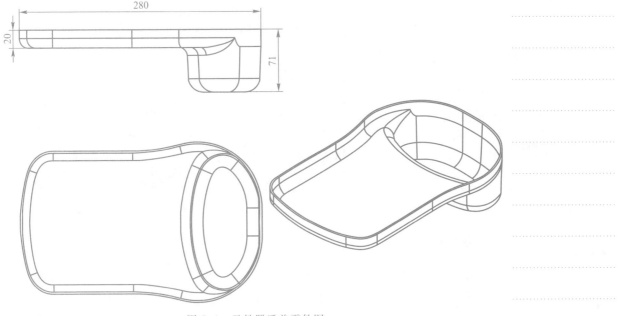

图 5-1　示教器后盖零件图

相关知识

教学课件
曲面造型

5.1.1　拉伸曲面

拉伸曲面的造型方法和特征造型中的对应方法相似，不同点在于曲线拉伸操作的草图对象可以封闭也可以不封闭，生成的是曲面而不是实体。要拉伸曲面，可以采用如下操作。

微课
拉伸曲面

（1）单击"草图绘制"按钮 ，打开一个草图并绘制曲面轮廓。

（2）单击"曲面"工具栏中的"拉伸曲面"按钮 ，或选择菜单栏中的"插入"|"曲面"|"拉伸曲面"命令。

（3）此时会出现如图 5-2 所示的"曲面-拉伸"属性管理器。

（4）在如图 5-3 所示的"方向 1"面板的"终止条件"下拉列表框中选择拉伸终止条件。

● 给定深度：从草图基准面拉伸特征到模型的一个顶点所在的平面以生成特征。这个平面平行于草图基准面且穿越指定的顶点。

　● 成形到一面：从草图基准面拉伸特征到所选的曲面以生成特征。

　● 到离指定面指定的距离：从草图基准面拉伸特征到距某面或曲面特定距离处以生成特征。

　● 两侧对称：从草图基准面向两个方向对称拉伸特征。

（5）在图形区域检查预览。单击"反向"按钮 ，可以向另一个方向拉伸。

（6）在 微调框中设置拉伸的深度。

（7）如果有必要，可以选中"方向 2"复选框，将拉伸应用到第二个方向，方向 2 的设置方法同方向 1。

（8）单击"确定"按钮，完成曲面的拉伸，如图 5-4 所示。

虚拟实训
拉伸曲面

图 5-2　"曲面-拉伸"属性管理器

图 5-3　"方向 1"面板

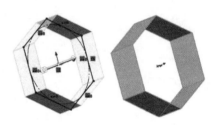

图 5-4　拉伸曲面

5.1.2　剪裁曲面

教学课件
剪裁曲面

微课
剪裁曲面

虚拟实训
剪裁曲面

剪裁曲面是指采用布尔运算的方法在一个曲面与另一个曲面、基准面或草图交叉处修剪曲面，或者将曲面与其他曲面联合使用作为相互修剪的工具。

剪裁曲面主要有两种方式：第一种是将两个曲面互相剪裁，第二种是以线性图元修剪曲面。

要剪裁曲面，可以采用如下操作。

（1）打开一个要剪裁的曲面文件，如图 5-5 所示。

（2）单击"曲面"工具栏中的"剪裁曲面"按钮 ，或选择菜单栏中的"插入"|"曲面"|"剪裁"命令，此时会出现如图 5-6 所示的"剪裁曲面"属性管理器。

图 5-5　曲面文件

图 5-6　"剪裁曲面"属性管理器

（3）在"剪裁类型"面板中选择剪裁类型。

● 标准：使用曲面作为剪裁工具，在曲面相交处剪裁曲面。

● 相互：将两个曲面作为互相剪裁的工具。

（4）如果选中"标准"单选按钮，则在如图 5-7 所示的"选择"面板中单击"剪裁工具"选项组中的  列表框，并在图形区域选择一个曲面作为剪裁工具。

（5）选中"保留选择"单选按钮，单击下方的  列表框，并在图形区域选择曲面作为保留部分，所选项目会在对应的列表框中显示。

（6）如果选中"相互"单选按钮，则在如图 5-8 所示的"选择"面板中单击"曲面"选项组中的  列表框，并在图形区域选择作为剪裁曲面的至少两个相交曲面。

图 5-7　剪裁类型为"标准"时的"选择"面板　　图 5-8　剪裁类型为"相互"时的"选择"面板

（7）选中"保留选择"单选按钮，单击下方的  列表框，并在图形区域选择需要的区域作为保留部分（可以是多个部分），所选项目会在对应的列表框中显示。

（8）单击"确定"按钮，完成曲面的剪裁，如图 5-9 所示。

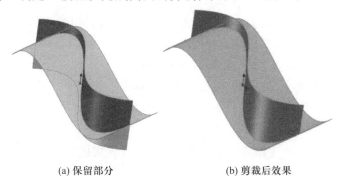

(a) 保留部分　　　　　　　(b) 剪裁后效果

图 5-9　剪裁曲面

5.1.3　缝合曲面

缝合曲面是将相连的两个或多个曲面连接成一体。空间曲面经过剪裁、拉伸和圆角等操作后，可以自动缝合，而不需要进行缝合曲面操作。

缝合曲面最为实用的场合就是在 CAM 系统中，建立三维侧面铣削刀具路径。由于缝合曲面可以将两个或多个曲面组合成一个，刀具路径容易最佳化，可减少多余的提刀动作。要缝合的曲面的边线必须相邻并且不重叠。

要将多个曲面缝合为一个曲面，可以采用如下操作。

（1）单击"曲面"工具栏中的"缝合曲面"按钮 ，或选择菜单栏中的"插入"|"曲面"|"缝合曲面"命令，此时会出现如图 5-10 所示的"缝合曲面"属性管理器。

（2）在属性管理器中单击"选择"面板中的 列表框，并在图形区域选择要缝合的面，所选项目列举在该列表框中。

（3）单击"确定"按钮，完成曲面的缝合工作。

缝合后的曲面外观没有任何变化，但是多个曲面已经可以作为一个实体来选择和操作了，如图 5-11 所示。

图 5-10　"缝合曲面"
属性管理器

图 5-11　缝合曲面

5.1.4　平面区域

通过平面区域工具可以在草图中生成有边界的平面区域，也可以在零件中生成有一组闭环边线边界的平面区域，具体操作如下。

（1）生成一个非相交、单一轮廓的闭环草图。

（2）单击"曲面"工具栏中的"平面区域"按钮 ，或选择菜单栏中的"插入"|"曲面"|"平面区域"命令，会弹出如图 5-12 所示的"平面"属性管理器。

（3）在"平面"属性管理器中，单击 （边界实体）列表框，并在图形区域选择草图或选择特征管理器设计树。

（4）如果要在零件中生成平面区域，则单击 （边界实体）列表框，并在图形区域选择零件上的一组闭环边线。要注意的是，组中所有边线必须位于同一基准面上。

（5）单击"确定"按钮，即可生成平面区域，如图 5-13 所示。

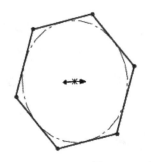
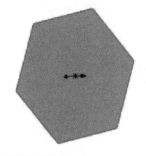

图 5-12　"平面"属性管理器　　　　图 5-13　生成平面区域

任务实施

5.1.5　示教器后盖建模

（1）选择菜单栏中的"文件"|"新建"命令，弹出"新建 SolidWorks 文件"对话框，在对话框中单击"零件"按钮，然后单击"确定"按钮。

微课
示教器后盖建模

（2）在设计树中选择"上视基准面"选项，单击"草图"工具栏中的"草图绘制"按钮 ，进入草图绘制状态，绘制如图 5-14 所示的草图。

（3）单击"曲面"工具栏中的"拉伸曲面"按钮 ，设置"终止条件"为"给定深度"，拉伸深度为 20 mm，如图 5-15 所示。

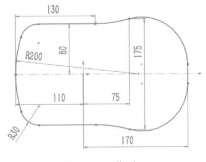

图 5-14　草图 1　　　　　　　　图 5-15　曲面-拉伸 1

（4）单击"曲面"工具栏中的"平面区域"按钮 ，选中"曲面-拉伸 1"中曲面的所有边线，如图 5-16 所示。

（5）单击选中设计树中的"曲面-基准面 1"，单击"草图"工具栏或弹出的快捷菜单中的"草图绘制"按钮 ，进入草图绘制状态，绘制如图 5-17 所示的草图。

（6）单击"曲面"工具栏中的"拉伸曲面"按钮 ，设置"终止条件"为"给定深度"，拉伸深度为 50 mm，拔模斜度为 3°，如图 5-18 所示。

（7）单击"曲面"工具栏中的"剪裁曲面"按钮 ，曲面选择及结果如图 5-19 所示。

（8）单击"曲面"工具栏中的"平面区域"按钮 ，选中"曲面-拉伸 2"中曲面的所有边线，如图 5-20 所示。

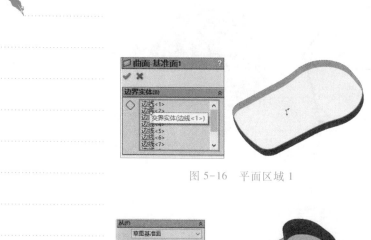
图 5-16   平面区域 1

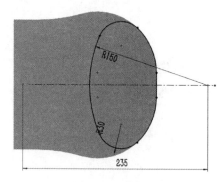
图 5-17   草图 2

图 5-18   曲面-拉伸 2

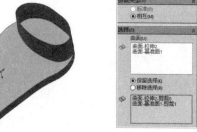
图 5-19   曲面-剪裁 1

（9）单击"曲面"工具栏中的"缝合曲面"按钮 ，选择所有曲面缝合，如图 5-21 所示。

图 5-20   平面区域 2

图 5-21   曲面-缝合 1

（10）单击"曲面"工具栏中的"圆角"按钮 ，设置"圆角类型"为"面圆角"，"圆角项目"分别选择"曲面-拉伸 1"和"曲面-基准面 1"，圆角半径为 10 mm，如图 5-22 所示。

（11）单击"曲面"工具栏中的"圆角"按钮 ，设置"圆角类型"为"恒定大小"，选中"多半径圆角"复选框，设置圆角半径分别为 10 mm 和 15 mm，如图 5-23 所示。

（12）单击"曲面"工具栏中的"加厚"按钮 ，要加厚的曲面选择所有曲面，

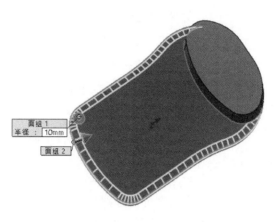

图 5-22　圆角 1

厚度为 1 mm，如图 5-24 所示。

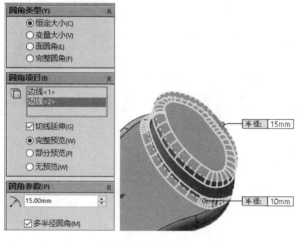

图 5-23　圆角 2　　　　　图 5-24　加厚

任务拓展

5.1.6　旋转曲面

旋转曲面的造型方法和特征造型中的对应方法相似。要旋转曲面，可以采用如下操作。

（1）单击"草图绘制"按钮 ，打开一个草图并绘制曲面轮廓以及它将绕着旋转的中心线。

（2）单击"曲面"工具栏中的"旋转曲面"按钮，或选择菜单栏中的"插

微课
旋转曲面

入"|"曲面"|"旋转曲面"命令。

（3）此时出现如图5-25所示的"曲面-旋转"属性管理器，同时在图形区域显示生成的旋转曲面。

图5-25　"曲面-旋转"
属性管理器

虚拟实训
旋转曲面

（4）在 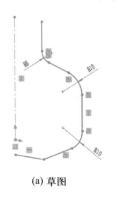 列表框中选择一个特征旋转所绕的轴。根据所生成的旋转特征的类型，此旋转轴可能为中心线、直线或一边线等。

（5）在 ⟳（旋转类型）下拉列表中选择下列选项之一。

- 单向：草图会向正方向旋转指定的角度。如果想要向相反的方向旋转，可单击"反向"按钮 ⟳。

- 两侧对称：草图会以所在平面为中面分别向两个方向旋转相同的角度。

- 双向：草图会以所在平面为中面分别向两个方向旋转指定的角度，这两个角度可以分别指定。

（6）在 微调框中指定旋转角度。

（7）单击"确定"按钮，生成旋转曲面，如图5-26所示。

| (a) 草图 | (b) 单向 | (c) 两侧对称 | (d) 双向 |

图5-26　生成旋转曲面

微课
等距曲面

5.1.7　等距曲面

等距曲面的造型方法和特征造型中的对应方法相似，对于已经存在的曲面（不论是模型的轮廓面还是生成的曲面），都可以像等距曲线一样生成等距曲面。

要生成等距曲面，可以采用如下操作。

（1）单击"曲面"工具栏中的"等距曲面"按钮 ，或选择菜单栏中的"插入"|"曲面"|"等距曲面"命令，此时会出现如图5-27所示的"等距曲面"属性管理器。

（2）在属性管理器中，单击 列表框，在图形区域选择等距的模型面或生成的曲面。

（3）在"等距参数"面板的微调框中指定等距曲面之间的距离。此时图形区域会显示等距曲面的效果。

（4）如果等距面的方向有误，可单击"反向"按钮 ，反转等距方向。

（5）单击"确定"按钮，完成等距曲面的生成，如图 5-28 所示。

图 5-27 "等距曲面"属性管理器　　　　　图 5-28　生成等距曲面

5.1.8　延展曲面

延展曲面是指通过选择面的一条或多条边线来延展曲面，或者选择整个面用于在其所有边线上相等地延展整个曲面。

延展曲面在拆模时最常用。当零件进行模塑，产生公母模之前，必须先生成模块与分模面，延展曲面就用来生成分模面。通常，延展曲面有如下 4 种方法。

- 按照给定的距离值延展曲面。
- 延展曲面到给定的曲面或模型表面。
- 延展曲面到给定模型的顶点。
- 通过延伸相切曲线延展曲面。

要延展曲面，可以采用如下操作。

（1）单击"曲面"工具栏中的"延展曲面"按钮 ，或选择菜单栏中的"插入"|"曲面"|"延展曲面"命令，此时会出现如图 5-29 所示的"延展曲面"属性管理器。

（2）在该属性管理器中，单击 列表框，在图形区域选择要延展的边线。

（3）单击"延展参数"面板中的第一个列表框，在图形区域选择模型面作为延展曲面方向，延展方向将平行于模型面。

（4）注意图形区域中的箭头方向（指示延展方向），如有错误，单击"反向"按钮 。

（5）在 微调框中指定曲面的宽度。

（6）如果希望曲面继续沿零件的切面延展，选中"沿切面延伸"复选框。

（7）单击"确定"按钮，完成曲面的延展，如图 5-30 所示。

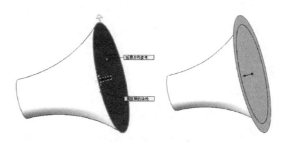

图 5-29　"延展曲面"　　　　　　　图 5-30　延展曲面
　　　　属性管理器

任务 2　示教器上盖设计

任务分析

本任务要完成如图 5-31 所示示教器上盖模型的绘制。该零件主体由壳体底座、按钮盘等部分组成，通过拉伸曲面、裁剪曲面、缝合曲面、平面区域、删除面、填充曲面、放样曲面、圆角、加厚等建模命令可以完成。通过本任务的学习，读者能掌握曲面建模的方法，并能使用拉伸曲面、裁剪曲面、缝合曲面、放样曲面等命令完成中等复杂零件的曲面建模。

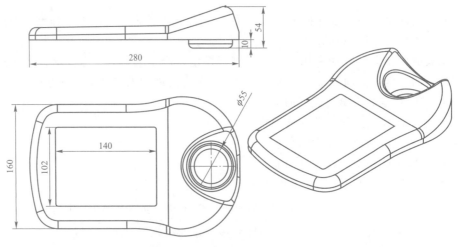

图 5-31　示教器上盖零件图

相关知识

教学课件
空间曲线

微课
投影曲线

5.2.1　投影曲线

将所绘制的曲线投影到曲面上，可以生成一个三维曲线。SolidWorks 2014 提供两种可以生成投影曲线的方式。

- 利用两个相交基准面上的曲线草图投影得到曲线（草图到草图）。
- 将草图曲线投影到模型面上得到曲线（草图到面）。

图 5-32 所示为"投影曲线"属性管理器，投影曲线在特征管理器设计树中以图标 [图] 表示。

1. 草图到面

下面首先来介绍利用两个相交基准面上的曲线投影得到曲线的方法。

（1）在两个相交的基准面上各绘制一个草图，这两个草图轮廓所隐含的拉伸曲面必须相交，才能生成投影曲线，完成后关闭每个草图。

（2）按住 Ctrl 键选取这两个草图。

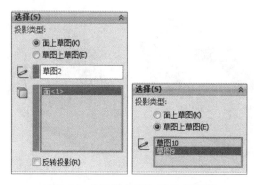

图 5-32　"投影曲线"属性管理器

（3）单击"曲线"工具栏中的"投影曲线"按钮 ，或选择菜单栏中的"插入"｜"曲线"｜"投影曲线"命令。

（4）在"投影曲线"属性管理器的列表框中显示要投影的两个草图名称，同时在图形区域显示所得到的投影曲线。

（5）单击"确定"按钮 ✅，生成投影曲线。如图 5-33 所示为两个草图（灰色）投影到相互之上形成的三维曲线。

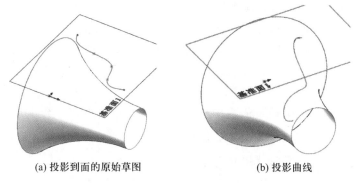

(a) 投影到面的原始草图　　　　　　　(b) 投影曲线

图 5-33　生成草图到面的投影曲线

2. 草图到草图

SolidWorks 2014 还可以将草图曲线投影到模型面上得到曲线，下面介绍其方法。

（1）在基准面或模型面上，生成一个包含一条闭环或开环曲线的草图。

（2）按住 Ctrl 键，选择草图和所要投影曲线的面。

（3）单击"曲线"工具栏中的"投影曲线"按钮 ▥，或选择菜单栏中的"插入"｜"曲线"｜"投影曲线"命令。

（4）在"投影曲线"属性管理器中会显示要投影曲线和投影面的名称，同时在图形区域显示所得到的投影曲线。

（5）如果投影的方向错误，选中"反转投影"复选框改变投影方向。

（6）单击"确定"按钮 ✅，即可生成投影曲线，如图 5-34 所示。

提示
如果"曲线"工具栏没有打开，可以选择菜单栏中的"视图"｜"工具栏"｜"曲线"命令将其打开。

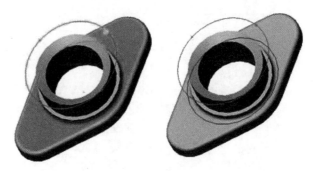

图 5-34　生成草图到草图的投影曲线

5.2.2　分割线

通过分割线可将草图投影到曲面或平面。它可以将所选的面分割为多个分离的面，也可将草图投影到曲面实体。另外，也可以通过下述工具来生成分割线。

- 投影：将一条草图直线投影到一个表面上。
- 轮廓：在一个圆柱形零件上生成一条分割线。
- 交叉点：以交叉实体、曲面、面、基准面或曲面样条曲线分割面。

如果要生成分割线，其具体操作步骤如下。

（1）利用草图绘制工具绘制一条要投影为分割线的线。

（2）单击"曲线"工具栏中的"分割线"按钮 ，或选择菜单栏中的"插入"|"曲线"|"分割线"命令，此时会出现如图 5-35 所示的"分割线"属性管理器，分割类型一共有 3 种。

（3）如果在"分割类型"面板中选中"轮廓"单选按钮，会出现如图 5-36 所示的"选择"面板，单击 （拔模方向）列表框，在"分割线"特征管理器设计树或图形区域中选择一个通过模型轮廓（外边线）投影的基准面。

图 5-35　"分割线"属性管理器　　　图 5-36　分割类型为"轮廓"时的"选择"面板

（4）单击 （要分割的面）列表框，选择一个或多个要分割的面，面不能是平面。单击"确定"按钮，即可生成如图 5-37 所示的分割线。

（5）选中"反向"复选框，可以以相反方向反转拔模方向。设置 （角度）微调框，可以从制造角度考虑生成拔模角度（通常用于热压成形包装）。

（6）如果在"分割类型"面板中选中"投影"单选按钮，会出现如图 5-38 所示的"选择"面板，单击 （要投影的草图）列表框，在弹出的特征管理器设计树或图形区域中选择绘制的直线。

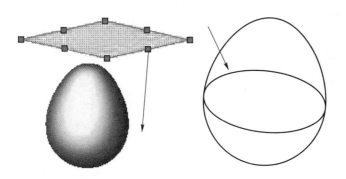

图 5-37　生成轮廓分割线

图 5-38　分割类型为"投影"时的"选择"面板

（7）单击 （要分割的面）列表框，选择一个或多个要分割的面。

提示
面不能是平面。

（8）选中"单向"复选框，只以一个方向投影分割线。如果需要，可选中"反向"复选框，反向投影分割线。单击"确定"按钮，即可生成如图 5-39 所示的分割线。

（9）如果在"分割类型"面板中选中"交叉点"单选按钮，会出现如图 5-40 所示的"选择"面板与"曲面分割选项"面板，单击 （分割实体/面/基准面）列表框，选择分割工具（交叉实体、曲面、面、基准面或曲面样条曲线）。

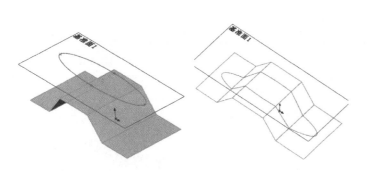

图 5-39　生成投影分割线

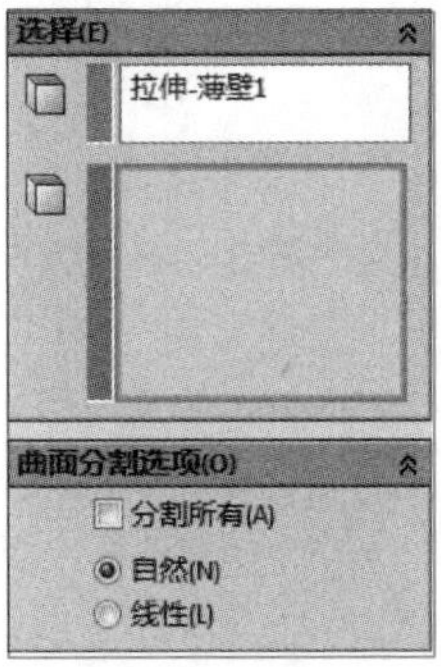

图 5-40　"选择"与"曲面分割选项"面板

（10）单击 （要分割的面/实体）列表框，选择要分割的目标面或实体。

另外，对"曲面分割选项"面板中的选项说明如下。

- 分割所有：分割穿越曲面上的所有可能区域。
- 自然：分割遵循曲面的形状。
- 线性：分割遵循线性方向。

（11）单击"确定"按钮 ✅ ，即可生成如图5-41所示的分割线。

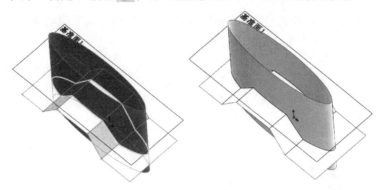

图5-41 生成交叉分割线

5.2.3 组合曲线

组合曲线就是指将所绘制的曲线、模型边线或者草图几何进行组合，使之成为单一的曲线。组合曲线可以用作生成放样或扫描的引导曲线。

SolidWorks 2014可将多段相互连接的曲线或模型边线组合成为一条曲线。要生成组合曲线，可以按如下操作步骤进行。

（1）单击"曲线"工具栏中的"组合曲线"按钮 ，或选择菜单栏中的"插入"|"曲线"|"组合曲线"命令，此时会出现如图5-42所示的"组合曲线"属性管理器。

图5-42 "组合曲线"
属性管理器

（2）在图形区域选择要组合的曲线、直线或模型边线（这些线段必须连续），则所选项目会在"组合曲线"属性管理器中的"要连接的实体"面板中显示出来。

（3）单击"确定"按钮 ✅ ，即可生成组合曲线。

在图5-43中，图5-43（a）所示为曲线在模型上选择边线，图5-43（b）所示为生成的组合曲线，使用该曲线作为扫描路径，图5-43（c）所示为完成后的扫描预览。

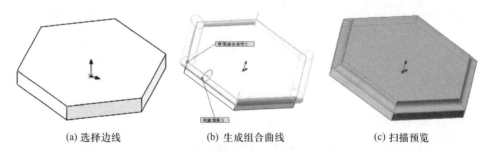

(a) 选择边线　　　　(b) 生成组合曲线　　　　(c) 扫描预览

图5-43 利用组合曲线生成扫描切除

5.2.4 通过 XYZ 点的曲线

样条曲线在数学上指的是一条连续、可导而且光滑的曲线，既可以是二维的也可以是三维的。利用三维样条曲线可以生成任何形状的曲线，SolidWorks 2014 中三维样条曲线的生成方式十分丰富，具体如下。

- 通过自定义样条曲线通过的点（确定坐标 X、Y、Z 值）生成样条曲线。
- 指定模型中的点作为样条曲线通过的点生成样条曲线。
- 利用点坐标文件生成样条曲线。

穿越自定义点的样条曲线经常应用在逆向工程的曲线生成上，通常逆向工程是先有一个实体模型，由三维向量床 CMM 或以激光扫描仪取得点的资料，每个点包含三个数值，分别代表它的空间坐标（X，Y，Z）。

要想自定义样条曲线通过的点，可采用如下操作。

（1）单击"曲线"工具栏中的"通过 XYZ 点的曲线"按钮 ，或选择菜单栏中的"插入"|"曲线"|"通过 XYZ 点的曲线"命令。

（2）在弹出的如图 5-44 所示的"曲线文件"对话框中，输入自由点空间坐标，同时在图形区域可以预览生成的样条曲线。

（3）当在最后一行的单元格中双击时，系统会自动增加一行。如果要在一行的上面再插入一个新的行，只要单击该行，然后单击"插入"按钮即可。

（4）如果要保存曲线文件，单击"保存"或"另存为"按钮，然后指定文件的名称（扩展名为 .sldcrv）即可。

（5）单击"确定"按钮，即可按输入的坐标位置生成三维样条曲线，如图 5-45 所示。

图 5-44　"曲线文件"对话框

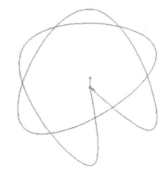

图 5-45　生成样条曲线

除了在"曲线文件"对话框中输入坐标来定义曲线外，SolidWorks 2014 还可以将在文本编辑器、Excel 等应用程序中生成的坐标文件（后缀名为 .sldxrv 或 .txt）导入到系统，从而生成样条曲线。

坐标文件应该为 X、Y、Z 三列清单，并用制表符（Tab）或空格分隔。要导入坐标文件以生成样条曲线，可采用如下操作。

（1）单击"曲线"工具栏中的"通过 XYZ 点的曲线"按钮 ，或选择菜单栏中的"插入"|"曲线"|"通过 XYZ 点的曲线"命令。

（2）在弹出的"曲线文件"对话框中，单击"浏览"按钮来查找坐标文件，然后单击"打开"按钮。

（3）坐标文件显示在"曲线文件"对话框中，同时在图形区域可以预览曲线的效果。

（4）如果对刚刚编辑的曲线不太满意，可以根据需要编辑坐标，直到满意为止。

（5）单击"确定"按钮，既可生成样条曲线。

微课
通过参考点的曲线

5.2.5　通过参考点的曲线

SolidWorks 2014 还可以指定模型中的点，作为样条曲线通过的点来生成曲线。采用该种方法时，其操作步骤如下。

（1）单击"曲线"工具栏中的"通过参考点的曲线"按钮 ，或选择菜单栏中的"插入"|"曲线"|"通过参考点的曲线"命令，会出现如图 5-46 所示的"通过参考点的曲线"属性管理器。

（2）在属性管理器中单击"通过点"面板中的列表框，然后在图形区域按照要生成曲线的次序来选择通过的模型点，此时模型点在该列表框中显示。

（3）如果想要将曲线封闭，选中"闭环曲线"复选框。

（4）单击"确定"按钮 ，即可生成模型点的曲线。

微课
放样曲面

5.2.6　放样曲面

放样曲面的造型方法和特征造型中的对应方法相似，放样曲面是通过曲线之间的过渡而生成曲面的方法，如图 5-47 所示。

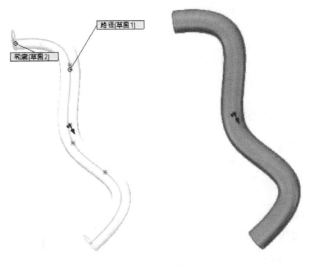

图 5-47　放样曲面

图 5-46　"通过参考点的
曲线"属性管理器

1．"曲面-放样"属性管理器

放样曲面的属性是在如图 5-48 所示的"曲面-放样"属性管理器中定义的，该属性管理器与项目 3 中介绍的"放样"属性管理器类似，下面就简单介绍如何对该属性管理器进行设置。

（1）在"轮廓"面板中单击（轮廓）列表框，然后在图形区域按想要的连接
顺序选择轮廓。离选择点最近的顶点用来连接轮廓。

（2）查看预览曲线。

● 如果预览曲线不正确，可能是因为选取草图的顺序有错误。这时可
以使用"上移" ⬆ 或"下移" ⬇ 按钮来重新安排轮廓。

● 如果预览的曲线指示将连接错误的顶点，单击该顶点所在的轮廓以
取消选择，然后再单击以选取轮廓中的其他点。

● 如要清除所有选择重新开始，可在图形区域右击，在弹出的快捷菜
单中选择"清除选择"命令，然后再试一次。

图 5-48　"曲面-放样"
属性管理器

（3）若想控制相切，可在如图 5-49 所示的"起始/结束约束"面板中
设置相关参数。

● 无：不应用相切。

● 垂直于轮廓：放样在起始和终止处与轮廓的草图基准面垂直。

● 方向向量：放样与所选的边线或轴相切，或与所选基准面的法线相切。

（4）如果使用引导线（"引导线"面板如图 5-50 所示），首先在图形区域选择
引导线，然后单击"上移" ⬆ 或"下移" ⬇ 按钮以改变使用引导线的顺序。

图 5-49　"起始|结束约束"面板　　　　图 5-50　"引导线"面板

2. 生成放样曲面

如果要放样曲面，可以采用如下操作。

（1）在一个基准面上绘制放样轮廓。

（2）建立另一个基准面，并在上面绘制另一个放样轮廓。这两个基准面不一定
平行。

（3）如有必要还可以生成引导线来控制放样曲面的形状。

（4）单击"曲面"工具栏中的"放样曲面"按钮 ，或选择菜单栏中的"插
入"|"曲面"|"放样曲面"命令。

（5）在"曲面-放样"属性管理器中，单击 列表框，在图形区域按顺序选择
轮廓草图，则所选草图出现在该列表框中，在图形区域显示生成的放样曲面。

（6）单击"上移" ⬆ 或"下移" ⬇ 按钮来改变轮廓的顺序，此项操作只针对
两个轮廓以上的放样特征。

（7）如果要在放样的开始和结束处控制相切，则设置"起始/结束约束"面板中
的选项。

（8）如果要使用引导线控制放样曲面，在"引导线"面板中单击 列表框，在

图形区域选择引导线。

（9）单击"确定"按钮，即可完成放样，如图 5-51 所示。

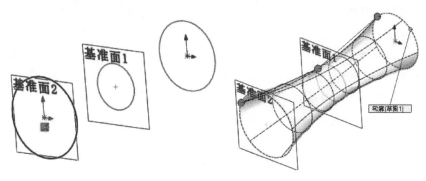

图 5-51　生成放样曲面

5.2.7　删除面

从实体删除面以便生成曲面，或者从曲面实体删除面。使用时可以从曲面实体中删除一个面，并能对实体中的面进行删除和自动修补。删除面有下面 3 种功能。

- 从曲面实体删除面。
- 从曲面实体或实体中删除一个面并自动对其进行修补。
- 从实体中删除一个或者多个面以便生成曲面。

要删除一个曲面，可以采用如下操作。

（1）单击"曲面"工具栏中的"删除面"按钮，或选择菜单栏中的"插入"| "面"|"删除"命令，此时会出现如图 5-52 所示的"删除面"属性管理器。

（2）在属性管理器中单击"选择"面板中的列表框，在图形区域或特征管理器中选择要删除的面，此时要删除的曲面在该列表框中显示。

（3）如果选中"删除"单选按钮，将删除所选曲面；如果选中"删除并修补"单选按钮，则在删除曲面的同时，对删除曲面后的曲面进行自动修补；如果选中"删除并填补"单选按钮，则在删除曲面的同时，对删除曲面后的曲面进行自动填充。

（4）单击"确定"按钮，完成曲面的删除，如图 5-53 所示。

图 5-52　"删除面"属性管理器

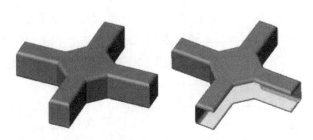

图 5-53　删除曲面

任务实施

5.2.8　示教器上盖建模

微课
示教器上盖建模

（1）选择"文件"|"新建"命令，弹出"新建 SolidWorks 文件"对话框，在对话框中单击"零件"按钮，然后单击"确定"按钮。

（2）在设计树中选择"上视基准面"选项，单击"草图"工具栏中的"草图绘制"按钮 ，进入草图绘制状态，绘制如图 5-54 所示的草图。

（3）单击"曲面"工具栏中的"拉伸曲面"按钮 ，设置"终止条件"为"给定深度"，拉伸深度为 25 mm，如图 5-55 所示。

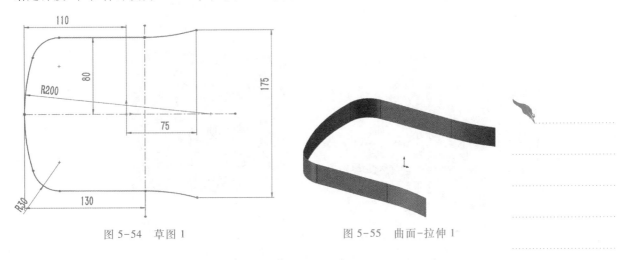

图 5-54　草图 1　　　　　　　　　　图 5-55　曲面-拉伸 1

（4）在设计树中选择"前视基准面"选项，单击"草图"工具栏中的"草图绘制"按钮 ，进入草图绘制状态，绘制如图 5-56 所示的草图。

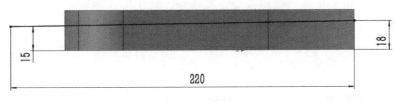

图 5-56　草图 2

（5）单击"曲面"工具栏中的"拉伸曲面"按钮 ，设置"终止条件"为"给定深度"，拉伸深度为 250 mm，如图 5-57 所示。

（6）单击"曲面"工具栏中的"剪裁曲面"按钮 ，曲面选择及结果如图 5-58 所示。

（7）单击"曲面"工具栏中的"圆角"按钮 ，圆角类型选择"恒定大小"，圆角半径为 10 mm，如图 5-59 所示。

（8）在设计树中选择"上视基准面"选项，单击"草图"工具栏中的"草图绘制"按钮 ，进入草图绘制状态，绘制如图 5-60 所示的草图。单击"曲面"工具

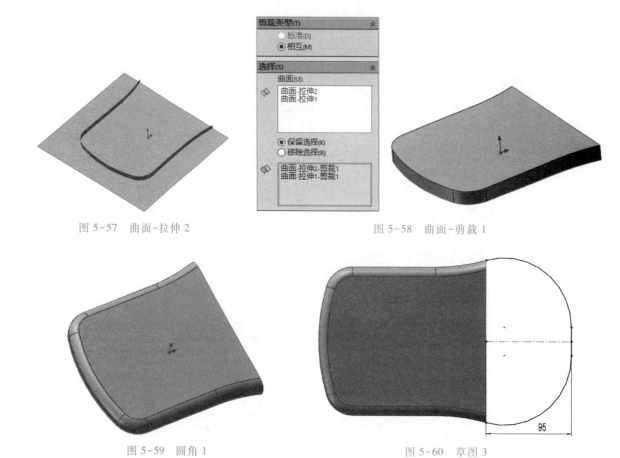

图 5-57 曲面-拉伸 2　　　　　　　　　　　　　　图 5-58 曲面-剪裁 1

图 5-59 圆角 1　　　　　　　　　　　　　　　　图 5-60 草图 3

栏中的"拉伸曲面"按钮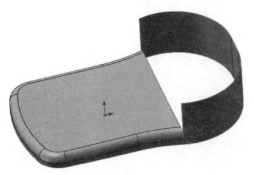，设置"终止条件"为"给定深度"，拉伸深度为 60 mm，如图 5-61 所示。

（9）在设计树中选择"前视基准面"选项，单击"草图"工具栏中的"草图绘制"按钮，进入草图绘制状态，绘制如图 5-62 所示的草图。单击"曲面"工具栏中的"拉伸曲面"按钮，设置"终止条件"为"给定深度"，拉伸深度为 250 mm，如图 5-63 所示。

图 5-61 曲面-拉伸 3　　　　　　　　　　　　　　图 5-62 草图 4

（10）单击"曲面"工具栏中的"剪裁曲面"按钮，曲面选择及结果如图 5-64
所示。

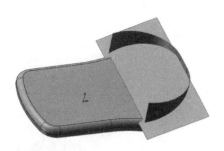

图 5-63　曲面-拉伸 4

图 5-64　曲面-剪裁 1

（11）单击"曲面"工具栏中的"圆角"按钮，圆角类型选择"恒定大小"，
圆角半径为 10 mm，如图 5-65 所示。

（12）单击"曲面"工具栏中的"剪裁曲面"按钮，曲面选择及结果如图 5-66
所示。

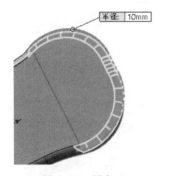

图 5-65　圆角 2

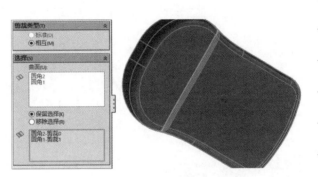

图 5-66　曲面-剪裁 2

（13）单击"曲面"工具栏中的"参考几何体"按钮，在零件的最右侧插入
与右视基准面平行的基准面 1，在"曲面-拉伸 2"和"曲面-拉伸 4"的交汇处插入
与右视基准面平行的基准面 2，如图 5-67 所示。

（14）在基准面 1 上绘制如图 5-68 所示的草图 5，在基准面 2 上绘制如图 5-69
所示的草图 6。

图 5-67　基准面

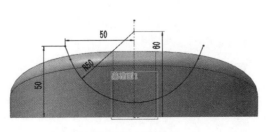

图 5-68　草图 5

（15）单击"曲面"工具栏中的"放样曲面"按钮 ，在"轮廓"面板中选中草图 5 和草图 6，如图 5-70 所示。

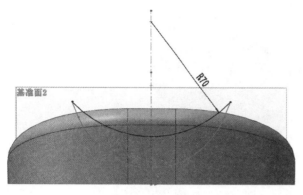

图 5-69　草图 6

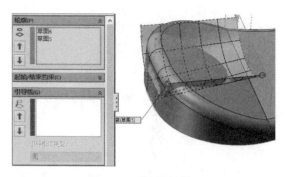

图 5-70　曲面-放样 1

（16）单击"曲面"工具栏中的"剪裁曲面"按钮 ，曲面选择及结果如图 5-71 所示。

（17）单击"曲面"工具栏中的"圆角"按钮 ，圆角类型选择"恒定大小"，圆角半径为 5 mm，如图 5-72 所示。

图 5-71　曲面-剪裁 4

图 5-72　圆角 2

（18）在设计树中选择"上视基准面"选项，单击"草图"工具栏中的"草图绘制"按钮 ，进入草图绘制状态，绘制如图 5-73 所示的草图。单击"曲面"工具栏中的"拉伸曲面"按钮 ，设置"终止条件"为"给定深度"，拉伸深度方向 1 为 40 mm，方向 2 为 10 mm，拔模斜度为 5°，如图 5-74 所示。

（19）单击"曲面"工具栏中的"剪裁曲面"按钮 ，曲面选择及结果如图 5-75 所示。

（20）单击"曲面"工具栏中的"圆角"按钮 ，圆角类型选择"恒定大小"，圆角半径为 3 mm，如图 5-76 所示。

（21）单击"曲面"工具栏中的"平面区域"按钮 ，对 ϕ65 mm 圆曲面封底并缝合。单击"曲面"工具栏中的"圆角"按钮 ，圆角类型选择"恒定大小"，圆角半径为 5 mm，如图 5-77 所示。

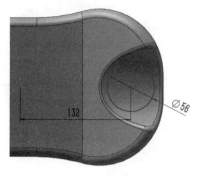

图 5-73　草图 7

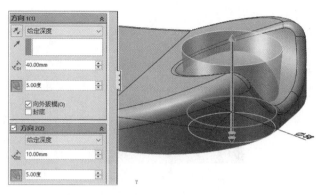

图 5-74　曲面-拉伸 5

图 5-75　曲面-剪裁 5

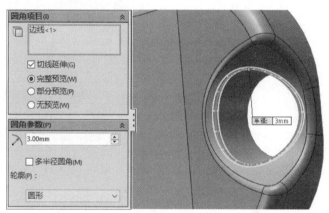

图 5-76　圆角 4

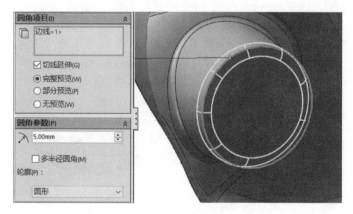

图 5-77　圆角 5

（22）在前视基准面中绘制如图 5-78 所示的草图，单击"曲面"工具栏中的
"分割线"按钮 ，对圆角曲面进行分割，如图 5-79 所示。

（23）单击"曲面"工具栏中的"删除面"按钮 ，将圆角曲面分割的部分删除，如图 5-80 所示。

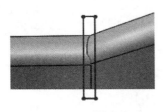

图 5-78　草图 8

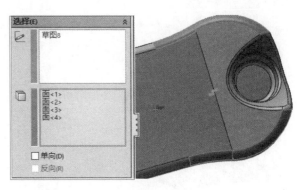

图 5-79　分割线 1

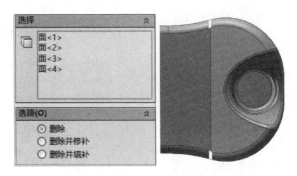

图 5-80　删除面

（24）单击"曲面"工具栏中的"圆角"按钮，圆角类型选择"恒定大小"，圆角半径为 8 mm，如图 5-81 所示。

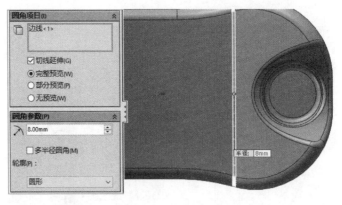

图 5-81　圆角 6

（25）单击"曲面"工具栏中的"填充曲面"按钮，在"修补边界"面板中选择删除面处的所有边线，曲率控制选择"相切"，同时选中"修复边界"复选框，如图 5-82 所示。

（26）单击"曲面"工具栏中的"加厚"按钮，要加厚的曲面选择所有曲面，

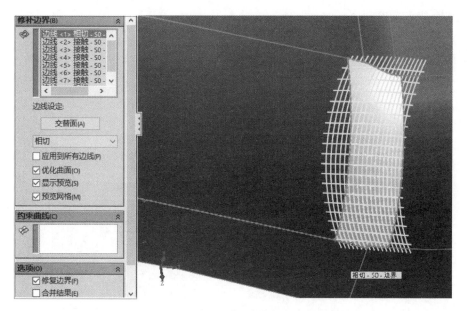

图 5-82　曲面-填充 1

厚度为 1 mm。

（27）单击选中示教器上盖的上表面，单击"草图"工具栏中的"草图绘制"按钮 ✍ ，进入草图绘制状态，绘制如图 5-83 所示的草图。使用"拉伸切除"命令进行切除，结果如图 5-84 所示。

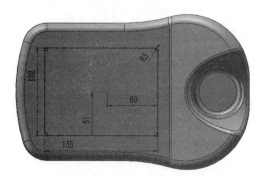

图 5-83　草图 9

图 5-84　示教器上盖

任务拓展

微课
扫描曲面

5.2.9　扫描曲面

扫描曲面的方法同扫描特征的生成方法十分类似，也可以通过引导线扫描。在扫描曲面中最重要的一点，就是引导线的端点必须贯穿轮廓图元。通常必须通过几何关系，强迫引导线贯穿轮廓曲线。

1. "曲面-扫描"属性管理器

扫描曲面的属性是在如图 5-85 所示的"曲面-扫描"属性管理器中定义的，下面就来介绍各选项的含义。

（1）"轮廓和路径"面板。

① ⟨轮廓⟩：在图形区域选择轮廓草图。

② ⟨路径⟩：在图形区域选择路径草图。

（2）"选项"面板：如图 5-86 所示。

图 5-85　"曲面-扫描"属性管理器　　　　图 5-86　"选项"面板

① 方向/扭转控制：包括以下选项。

• 随路径变化：选择该选项可以使截面与路径的角度始终保持不变。

• 保持法向不变：选择该选项可以使截面总是与起始截面保持平行。

• 随路径和第一引导线变化：如果引导线不只一条，选择该选项将使扫描随较长的一条引导线变化。

• 随第一和第二引导线变化：如果引导线不只一条，选择该选项将使扫描随第一条和第二条引导线同时变化。

② 合并切面：如果扫描截面具有相切的线段，选中此选项可使所产生的扫描中相应曲面保持相切。保持相切的面可以是基准面、圆柱面或锥面。其他相邻的面被合并，截面被近似处理。草图圆弧可能转换为样条曲线。

③ 显示预览：如果只想显示轮廓、路径和引导线，取消消中此复选框。

（3）"引导线"面板：如图 5-87 所示。

① ⟨引导线⟩：在图形区域选择引导线，所选择的引导线出现在列表框中。

② "上移" ⬆ 或 "下移" ⬇ 按钮：单击这两个按钮以改变使用引导线的顺序。

③ ⟨显示截面⟩：单击该选项，然后单击微调按钮来根据截面数查看并修正轮廓。

④ 合并平滑的面：利用该选项可以控制是否要合并平滑的面。

（4）"起始处/结束处相切"面板：如图 5-88 所示。

在"起始处相切类型"和"结束处相切类型"下拉列表中包括以下选项。

• 无：不应用相切。

• 路径相切：扫描在起始处和终止处与路径相切。

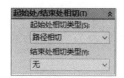

图 5-87　"引导线"面板　　　　　图 5-88　"起始处/结束处相切"面板

● 方向向量：扫描与所选的直线边线或轴线相切，或与所选基准面的法线相切。使用时选择方向向量，然后单击边线、轴或基准面。

● 所有面：扫描在起始处和终止处与现有几何的相邻面相切。此选项只有在扫描附加于现有几何时才可以使用。

2. 生成扫描曲面

要扫描生成曲面，可以采用如下操作。

（1）根据需要建立基准面，并绘制扫描轮廓和扫描路径，如果需要沿引导线扫描曲面，还要绘制引导线。

（2）如果要沿引导线扫描曲面，需要在引导线与轮廓之间建立重合或穿透几何关系。

（3）单击"曲面"工具栏中的"扫描曲面"按钮，或选择菜单栏中的"插入"|"曲线"|"扫描"命令。

（4）在"曲面-扫描"属性管理器中，单击列表框，在图形区域选择轮廓草图，则所选草图出现在该列表框中。

（5）单击列表框，在图形区域选择路径草图，则所选路径草图出现在该列表框中。此时在图形区域可以预览扫描曲面的效果。

（6）在"方向/扭转控制"下拉列表中，选择以下选项："随路径变化""保持法向不变""随路径和第一引导线变化"及"随第一和第二引导线变化"，确定扭转类型。

（7）如果需要沿引导线扫描曲面，则单击"引导线"列表框，在图形区域选择引导线。

（6）单击"确定"按钮，即可生成扫描曲面。

提示

扫描的相切选项与放样的相切选项相似。

5.2.10　曲面切除

SolidWorks 2014 中可以利用曲面来生成对实体的切除。

（1）选择菜单栏中的"插入"|"切除"|"使用曲面"命令，此时出现如图 5-89 所示的"使用曲面切除"属性管理器。

（2）在图形区域或特征管理器中选择切除要使用的曲面，所选曲面出现在"曲面切除参数"面板的列表框中。

（3）图形区域中的箭头指示实体切除的方向，如有必要，单击"反向"按钮改变切除方向。

（4）单击"确定"按钮，即可完成对实体进行的切除。

图 5-89　"使用曲面切除"
属性管理器

（5）使用 （剪裁曲面）工具，对曲面进行剪裁，得到实体切除效果如图 5-90 所示。

除了本项目中已经介绍的几种常用的曲面编辑方法以外，还有圆角曲面、加厚曲面、填充曲面等多种编辑方法。它们的操作大多类似，这里不再一一赘述。

图 5-90　实体切除效果

项目小结

本项目通过示教器模型的学习，介绍了曲面的创建方法，以及曲面修剪、曲面编辑的相关知识。通过本项目的学习，应能根据图形创建任意曲面模型，能设计自己所需模型。在学习曲线造型之前，需要先掌握三维草图绘制的方法，它是生成曲线、曲面造型的基础。

思考与练习答案

思考与练习

一、填空题

1. 三维曲面的造型方法有如下几种：＿＿＿＿＿、＿＿＿＿＿、＿＿＿＿＿以及＿＿＿＿＿等。

2. 对曲面进行编辑的命令包括＿＿＿＿＿、＿＿＿＿＿、＿＿＿＿＿以及＿＿＿＿＿等。

3. 放样曲面是通过＿＿＿＿＿而生成曲面的方法，其造型方法和特征造型中的对应方法相似。

4. ＿＿＿＿＿是将相连的两个或多个曲面连接成一体。＿＿＿＿＿经过剪裁、拉伸和圆角等操作后，可以自动缝合，而不需要进行缝合曲面操作。

二、简答题

1. 延展曲面有哪几种方法？简单介绍其操作步骤。

2. SolidWorks 2014 生成曲线有哪几种方式？简单介绍它们的操作步骤。

三、上机题

1. 在 SolidWorks 中绘制如图 5-91 所示的零件图。

2. 在 SolidWorks 中绘制如图 5-92 所示的零件图。

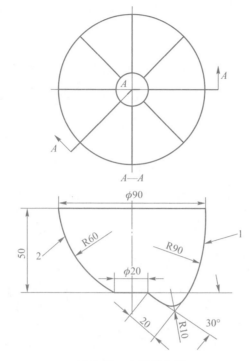

图 5-91　上机题 1 图

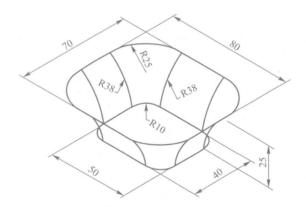

图 5-92　上机题 2 图

6

项目

装配及运动仿真

　　装配体是由若干零件或部件组成的。它表达的是部件（或机器）的工作原理和装配关系，在进行设计、装配、检验、安装和维修过程中都是非常重要的。装配体的零部件可以包括独立的零件和其他装配体（称为子装配体）。装配体的文件扩展名为 sldasm。

📖 知识目标

- 掌握装配体文件的设计方法。
- 掌握常用配合（约束）的类型。
- 掌握爆炸视图的应用。
- 掌握装配动画的类型及应用。
- 了解驱动源类型及应用。

☑ 技能目标

- 掌握装配体文件的操作方法。
- 掌握常用配合（约束）的方法。
- 掌握爆炸视图的生成方法。
- 掌握装配动画的创建方法。

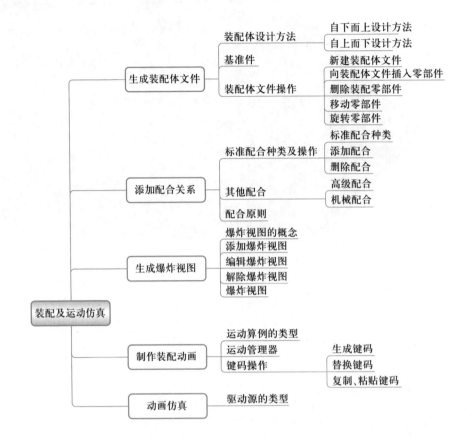

装配及运动仿真

生成装配体文件
- 装配体设计方法
  - 自下而上设计方法
  - 自上而下设计方法
- 基准件
- 装配体文件操作
  - 新建装配体文件
  - 向装配体文件插入零部件
  - 删除装配零部件
  - 移动零部件
  - 旋转零部件

添加配合关系
- 标准配合种类及操作
  - 标准配合种类
  - 添加配合
  - 删除配合
- 其他配合
  - 高级配合
  - 机械配合
- 配合原则

生成爆炸视图
- 爆炸视图的概念
- 添加爆炸视图
- 编辑爆炸视图
- 解除爆炸视图
- 爆炸视图

制作装配动画
- 运动算例的类型
- 运动管理器
- 键码操作
  - 生成键码
  - 替换键码
  - 复制、粘贴键码

动画仿真
- 驱动源的类型

　工业机器人上下料工作站夹持夹具装配

任务分析

本任务完成项目 2 中工业机器人上下料工作站夹持夹具的装配。该夹具主要包括汽缸、手指、安装座等零件，主要使用装配中的同轴心、距离、重合、圆周阵列等配合关系进行装配。完成装配后，还需要完成该装配体的爆炸视图。

相关知识

6.1.1　装配体设计方法

装配体有自上而下设计和自下而上设计两种设计方法，也可将两种方法结合起来。

1. 自下而上设计方法

自下而上设计方法是比较传统的方法。在自下而上设计中，将先生成的零件插入装配体，然后根据设计要求配合零件。当使用以前生成的不在线的零件时，自下而上设计方法是首选方法。

自下而上设计方法的另一个优点是因为零部件是独立设计的，与自上而下设计方法相比，它们的相互关系及重建行为更为简单。使用自下而上设计方法可以使用户专注于单个零件的设计工作。当不需要建立控制零件大小和尺寸的参考关系（相对于其他零件）时，此方法较为适用。

2. 自上而下设计方法

自上而下设计方法从装配体中开始设计工作，设计时可以使用一个零件的几何体来帮助定义另一个零件，或生成组装零件后才添加加工特征；也可以将布局草图作为设计的开端，定义固定的零件位置、基准面等，然后参考这些定义来设计零件。

6.1.2　基准件

装配体是由一个或多个零件或部件（子装配体）组成的。在构成装配体的零件或部件中，有一个零件或几个零件相对其他零件或部件是不动的，如减速器的底座，将这种不动的零件称为基准件。在制作装配体时，首先要确定基准件。系统自动将第一个被插入的零件作为基准件，设定为"固定"，如图 6-1 所示。基准件不能被移动和旋转。

若要取消"固定"，可在名称上右击，在弹出的快捷菜单中选择"浮动"命令，如图 6-2 所示。

固定零件与浮动零件的区别是：固定零件一般放置在原点（固定不动），而浮动零件可以任意放置（位置不固定），可以利用"装配体"工具栏中的"移动零部件"按钮🖼和"旋转零部件"按钮🖼将浮动零件放置到合适的位置，但对固定零件不起作用。

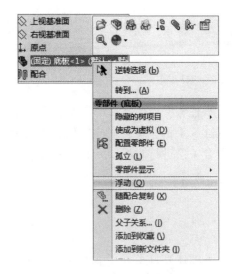

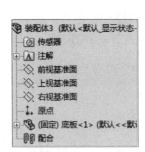

图 6-1　第一个零件导入后被设为"固定"　　　图 6-2　选择"浮动"命令

将一个零部件（单个零件或子装配体）放入装配体时，这个零部件文件会与装配体文件链接。此时零部件出现在装配体中，零部件的数据还保存在原零部件文件中。对零部件文件所进行的任何修改都会更新装配体。保存装配体时，文件的"保存类型"为 * . sldasm，装配体文件图标也与零件图不同。

教学课件
装配体操作

6.1.3　装配体文件操作

1. 新建装配体文件

（1）选择菜单栏中的"文件"|"新建"命令，将出现如图 6-3 所示的"新建 SolidWorks 文件"对话框。

图 6-3　"新建 SolidWorks 文件"对话框

（2）在"新建 SolidWorks 文件"对话框中单击"装配体"按钮，然后单击"确定"按钮，即进入装配体制作界面，如图 6-4 所示。

（3）单击"开始装配体"属性管理器中"要插入的零件/装配体"面板下的"浏览"按钮，如图 6-5 所示，出现"打开"对话框。

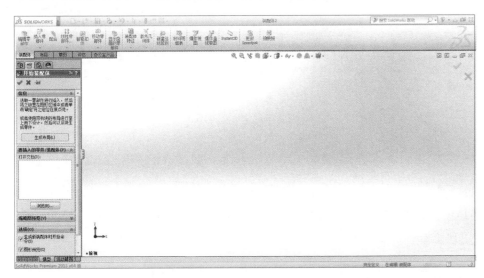

图 6-4　装配体制作界面　　　　　　　　　　　　　　　　　　图 6-5　"开始装配体"属性管理器

（4）选择一个零件作为装配体的基准件，单击"打开"按钮，然后在窗口中合适的位置单击空白界面以放置零件，如图 6-6 所示。

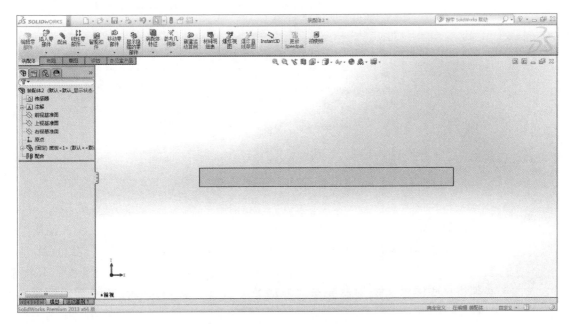

图 6-6　将零件置于装配体文件中

（5）在装配体编辑窗口中，调整视图为等轴测，如图6-7所示，可得到导入零件后的界面，如图6-8所示。

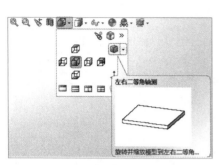

图6-7　调整视图为等轴测

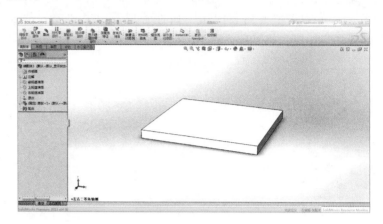

图6-8　导入零件后的界面

（6）保存文件。默认名称为"装配体1"，文件的"保存类型"为"＊.sldasm"，如图6-9所示。

图6-9　保存为装配体文件

2. 向装配体文件插入零部件

将基准件放入装配体后，还需要将其他零件插入到装配体中。可以这样理解：装配体文件是总装车间，在这个车间里对构成机器的零部件进行装配，装配前，必须将这些零件运送到总装车间，这个运送过程就是向装配体中插入零部件的过程。

使用"插入零部件"属性管理器向装配体文件插入零部件的方法如下。

（1）单击"装配体"工具栏中的"插入零部件"按钮，如图6-10所示，或

选择菜单栏中的"插入"|"零部件"|"现有零件/装配体"命令，会出现如图6-11所示的"插入零部件"属性管理器。

图6-10　单击"插入零部件"按钮

图6-11　"插入零部件"
属性管理器

（2）在"插入零部件"属性管理器中单击"浏览"按钮，会出现"打开"对话框。在该对话框中选择要插入的零件（这里选择"竖板"零件），如图6-12所示。

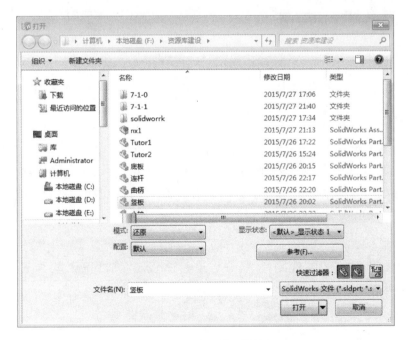

图6-12　"打开"对话框

（3）打开零件后，鼠标指针旁会出现一个零件图标。将零件放置在装配体中，此时在设计树中，零件的名称前多了一个"（-）"，表示零件是浮动的，如图6-13所示。所谓浮动，是指零件在装配体中可以任意移动或旋转，是自由体。

　　为便于零件装配，在插入零部件时，要按零件装配顺序插入零件，采取插入一个零件装配一个零件的方法，这样装配时不容易出错。

3. 删除装配零部件

如果想要从装配体中删除零部件，可以按如下步骤进行。

（1）在装配体的图形区域或特征管理器设计树中单击想要删除的零部件。

（2）按 Delete 键，或右击，在弹出的快捷菜单中选择"删除"命令，如图 6-14 所示，此时会出现"确认删除"对话框。

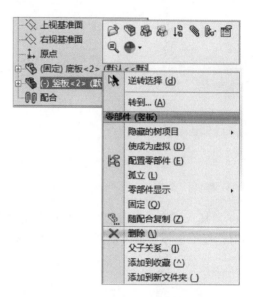

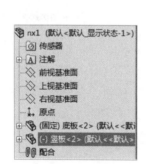

图 6-13　设计树（局部）　　　　图 6-14　选择"删除"命令

（3）单击对话框中的"是"按钮确认删除。此零部件及其所有相关项目（配合、零部件阵列、爆炸步骤等）都会被删除。

4. 移动零部件

为便于零件装配，需要将零部件移动并放置到合适的位置。

（1）在装配体的图形区域或特征管理器设计树中单击想要移动的零部件。

（2）单击"装配体"工具栏中的"移动零部件"按钮，如图 6-15 所示，或选择菜单栏中的"工具"|"零部件"|"移动"命令。

图 6-15　单击"移动零部件"按钮

（3）出现"移动零部件"属性管理器，如图 6-16 所示，移动方式默认为"自由拖动"，有多种方法可移动零部件。

方法一：可借助视口对零件进行移动，如图 6-17~图 6-19 所示。

图 6-17　在前视图中移动零件，控制左右、上下位置

图 6-16　"移动零部件"
　　　　属性管理器

图 6-18　在左视图中移动零件，控制前后、上下位置

方法二："沿实体"移动，如图 6-20 所示。可沿着其他零件的某一边线进行移动，此时移动的物体被约束在该方向上，不能随意移动。如图 6-21 所示，选择底板上的边线，竖板只能沿着与边线平行的方向移动。

5. 旋转零部件

为便于零件装配，有时需要转动零部件，以达到合适的位置。

（1）在装配体的图形区域或特征管理器设计树中单击想要旋转的零部件。

图 6-19　移动后的零件

（2）单击"装配体"工具栏中的"旋转零部件"按钮，如图 6-22 所示，或选择菜单栏中的"工具"|"零部件"|"旋转"命令，弹出"旋转零部件"属性管理器，如图 6-23 所示。

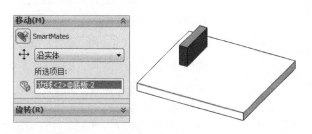

图 6-20　选择"沿实体"选项　　　　　　　图 6-21　沿着零件上某一边线进行移动

从图 6-23 可以看出，旋转零部件有"自由拖动""对于实体""由 Delta XYZ"三种方式。采用"自由拖动"方式可在装配体中任意旋转零部件。下面重点介绍"对于实体"的旋转方式。

图 6-22 单击"旋转零部件"按钮

（3）选择"对于实体"选项，设置"所选项目"为竖板上的边线，竖板可沿此边线旋转，此边线为物体的旋转轴线，如图 6-24 所示。

图 6-23 "旋转零部件"属性管理器

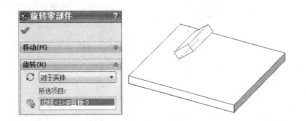

图 6-24 竖板可沿此边线旋转

6.1.4 标准配合种类及操作

教学课件
约束（配合）

1. 标准配合种类

标准配合包括重合、平行、垂直、相切、同轴心、锁定、距离和角度配合等。所有配合类型会始终显示在配合属性管理器的"标准配合"面板中，如图 6-25 所示，但只有适用于当前选择的配合才可供使用。

图 6-25 "标准配合"面板

（1）（重合）配合：所选的面、边线及基准面（它们之间相互组合或与单一项组合）重合在一条无限长的直线上或将两个点重合，定位两个顶点使它们彼此接触。

常用的重合配合有面与面（零件上的面或基准面）、线与线（零件上的边线或基准线）、点与点配合。

（2）（平行）配合：所选的项目（面或边线）相对于基准面或线保持相同的方向。该配合与距离配合一起使用，确保两几何要素在同一方向上保持一定的距离。

常用的平行配合有面与面（零件上的面或基准面）、线与线（零件上的边线或基准线）、面与线配合。

（3）（垂直）配合：所选的项目以 90°相互垂直配合。

（4）（相切）配合：所选的项目会保持相切（至少有一选择项目必须为圆柱面、圆锥面或球面）。

（5）（同轴心）配合：所选的项目（一般为圆柱面、圆锥面）位于同一轴线上，零部件只能沿其轴线方向移动或转动。

（6）（距离）配合：所选的项目之间会保持指定的距离。配合时必须在属性管理器的"距离"微调框中输入距离值，默认值为所选实体之间的当前距离。

（7）◻（角度）配合：所选的项目以指定的角度配合。单击此按钮，即可输入一定的角度，如图 6-26 所示。

角度有一个方向，可以单击"反转尺寸"按钮进行设置。

要确定零部件在装配体中的位置，需要给零部件添加配合关系。这往往需要添加多个配合关系，才能对零部件的位置进行控制。例如，图 6-26 所示的竖板零件与底板配合时，存在以下配合关系。

- 重合配合（两零件的边线重合）：此时竖板只能沿边线移动或转动。
- 角度配合（两面之间）：此时竖板只能沿边线移动。
- 距离配合（面与面之间）：此时竖板的位置被固定。

因此，在配合零部件时，需要组合多个配合关系，限制零部件的运动，而很少单独运用某个配合关系。通常，距离配合与平行配合组合使用，角度配合与重合配合组合使用。

图 6-26 角度配合举例

2. 添加配合

【实例】 如图 6-27 所示，要将竖板放置在底板上，并按图示尺寸放置，使竖板相对底板的位置固定下来。

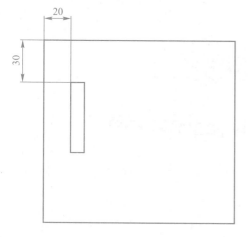

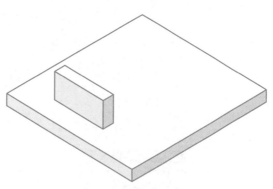

图 6-27 配合举例

打开实例源文件"配合应用实例 1"，其操作步骤如下。

（1）在"装配体"工具栏中单击"配合"按钮，弹出配合属性管理器，默认为"重合"，选择底板的上表面和竖板的下表面，单击"确定"按钮后，竖板自动放置在底板上，如图 6-28 和图 6-29 所示。此时，竖板不能脱离底板，但可以在底板上移动或旋转。

（2）启动配合属性管理器，选择平行配合，单击底板和竖板两侧面，选择距离配合，设置距离为 30 mm，如图 6-30 所示，其含义是竖板的侧面与底板的侧面距离为 30 mm。设置完成后单击"确定"按钮。

（3）启动配合属性管理器，选择平行配合，单击底板和竖板另外两侧面，选择距离配合，设置距离为 20 mm，单击"确定"按钮，如图 6-31 所示。

图 6-28　添加重合关系

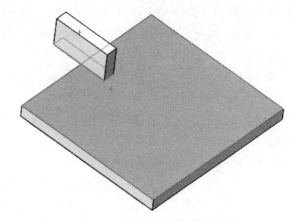

图 6-29　添加重合关系后的效果

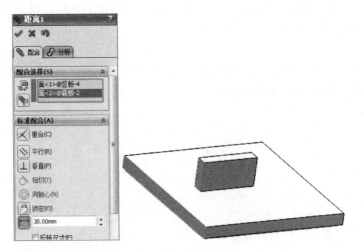

图 6-30　面与面的距离配合 1

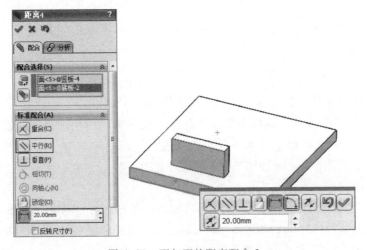

图 6-31　面与面的距离配合 2

通过上述操作，竖板在底板上的位置就确定了。可在设计树中查看底板与竖板的配合情况，如图 6-32 所示。

3. 删除配合

如果想要删除某种配合，只要在设计树中选择其名称，右击，在弹出的快捷菜单中选择"删除"命令，或按 Delete 键，弹出"确认删除"对话框，单击"是"按钮即可，如图 6-33 和图 6-34 所示。

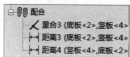

图 6-32　底板与竖板的配合情况

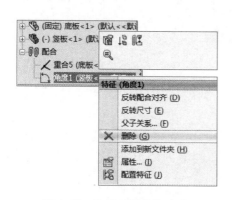

图 6-33　选择"删除"命令　　　　　图 6-34　"确认删除"对话框

6.1.5　爆炸视图

装配体的爆炸视图可以分离其中的零部件以便查看这个装配体的装配情况。在 SolidWorks 中，可以通过自动爆炸或一个零部件一个零部件地爆炸来创建装配体的爆炸视图。一个爆炸视图包括一个或多个爆炸步骤，每一个爆炸视图保存在所生成的装配体配置中，每一个配置都可以有一个爆炸视图。装配体爆炸后，不能给装配体添加配合。

1. 添加爆炸视图

如果要对装配体添加爆炸视图，操作步骤如下。

（1）选择菜单栏中的"文件"|"打开"命令，打开装配体文件"曲柄滑块机构装配体 .sldasm"，如图 6-35 所示，并另存为"曲柄滑块机构爆炸图 .sldasm"。

（2）单击"装配体"工具栏中的"爆炸视图"按钮 ，出现"爆炸"属性管理器，如图 6-36 所示。

（3）在图形区域或弹出的特征管理器中选择小轴零件，此时操纵杆出现在图形区域中，如图 6-37 所示。在"爆炸"属性管理器中，零部件出现在"设定"面板的 （爆炸步骤的零部件）列表框中，如图 6-38 所示。

（4）将鼠标指针移到指向零部件爆炸方向的操纵杆控标上，指针形状变为移动箭头。拖动操纵杆控标来爆炸零部件，此时出现标尺，可借助标尺确定移动距离，使零部件脱离装配位置，如图 6-39 所示。

教学课件
爆炸视图的生成

实例源文件
曲柄滑块机构
爆炸图

虚拟实训
爆炸视图的生成

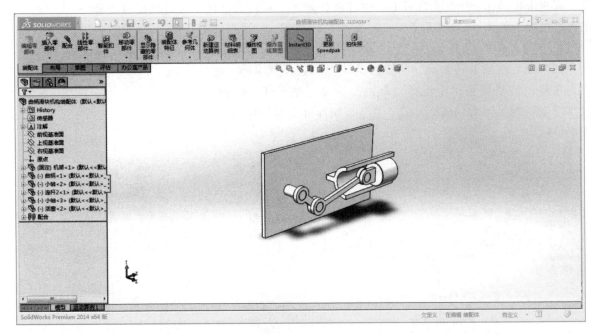

图 6-35　打开装配体文件

图 6-36　"爆炸"属性管理器

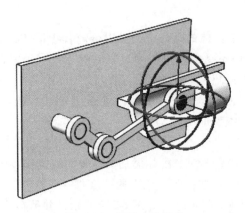

图 6-37　选择小轴零件

（5）释放鼠标左键，"爆炸步骤1"出现在"爆炸步骤"面板中，单击前面的"+"，可看到刚才被爆炸的零件名称，如图6-40所示。

（6）在爆炸步骤1完成的情况下，"爆炸"属性管理器中设定的内容被清除，为下一爆炸步骤做准备。

（7）重复步骤（2）~（4），依次爆炸活塞、连杆、小轴、曲柄，如图6-41~图6-44所示。

（8）当对此爆炸视图满意时，单击"确定"按钮，如图6-45、图6-46所示。

图 6-38　"设定"面板

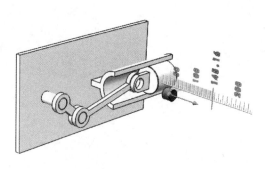

图 6-39　爆炸小轴

图 6-40　"爆炸步骤"面板

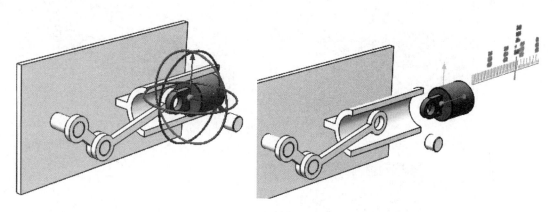

图 6-41　爆炸活塞

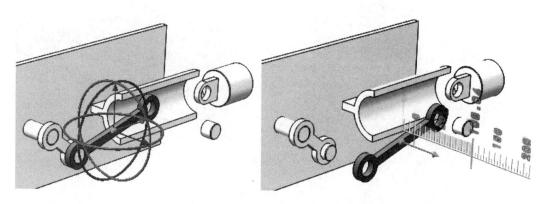

图 6-42　爆炸连杆

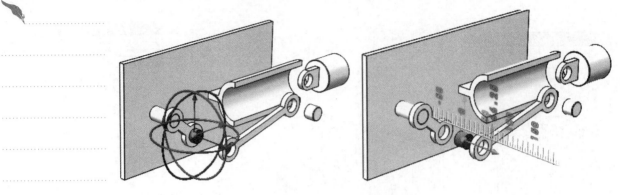

图 6-43　爆炸小轴

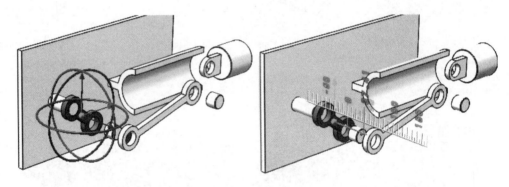

图 6-44　爆炸曲柄

图 6-45　最终的"爆炸步骤"面板

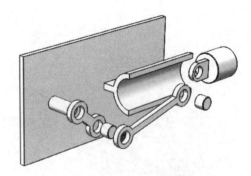

图 6-46　最终爆炸效果

2. 编辑爆炸视图

将小轴的爆炸距离设置为 160 mm，操作步骤如下。

（1）在配置管理器设计树的爆炸步骤下，单击名称前面的"+"，依次展开，可看到刚才的爆炸步骤，如图 6-47 所示。

（2）选择"爆炸步骤1"，右击，在弹出的快捷菜单中选择"编辑特征"命令，如图 6-48 所示。此时出现"爆炸"属性管理器，爆炸步骤中要爆炸的零部件小轴为绿色高亮显示，如图 6-49 所示。

图 6-47   配置管理器设计树

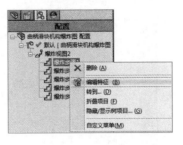

图 6-48   选择"编辑特征"命令

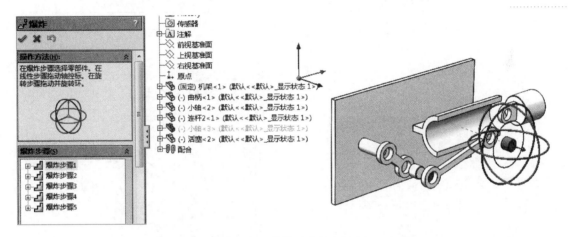

图 6-49   编辑"爆炸步骤 1"

（3）可在"爆炸"属性管理器的"设定"面板中设置相应的参数，这里将距离修改为 160 mm，也可拖动绿色控标借助标尺来改变距离参数，直到零部件达到所想要的位置为止，如图 6-50 所示。

（4）单击"确定"按钮，即可完成爆炸视图的修改。

3. 解除爆炸视图

解除爆炸视图的步骤如下。

（1）单击配置管理器标签 🔧。

（2）单击所需配置旁边的"+"，并在爆炸视图特征上单击以查看爆炸步骤。

（3）双击爆炸视图特征，或右击爆炸视图特征，在弹出的快捷菜单中选择"解除爆炸"或"动画解除爆炸"命令，解除爆炸状态，恢复装配体原来的状态，如图 6-51 所示。

4. 爆炸视图

（1）单击配置管理器标签 🔧。

（2）单击所需配置旁边的"+"，并在爆炸视图特征上单击以查看爆炸步骤。

（3）双击爆炸视图特征，或右击爆炸视图特征，在弹出的快捷菜单中选择"爆炸"或"动画爆炸"命令。当选择"动画爆炸"命令时，在装配体爆炸时显示"动画控制器"弹出工具栏，如图 6-52、图 6-53 所示。

图 6-50　编辑小轴爆炸距离

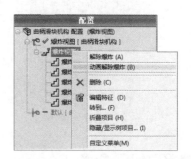

图 6-51　解除爆炸状态

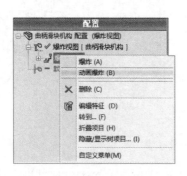

图 6-52　选择"动画爆炸"命令

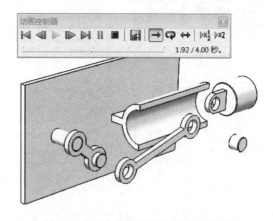

图 6-53　"动画控制器"弹出工具栏

任务实施

6.1.6　新建装配体文件

（1）选择菜单栏中的"文件"|"新建"命令，将出现如图 6-3 所示的"新建 SolidWorks 文件"对话框。

（2）在"新建 SolidWorks 文件"对话框中单击"装配体"按钮 ，然后单击"确定"按钮，进入装配体制作界面，如图 6-4 所示。

（3）单击"开始装配体"属性管理器中"要插入的零件/装配体"面板下的"浏览"按钮，出现"打开"对话框，如图 6-54 所示。

（4）选择"连接杆"零件作为装配体的基准零件，单击"打开"按钮，然后在窗口中合适的位置单击空白界面放置零件，如图 6-55 所示。

图 6-54　"打开"对话框

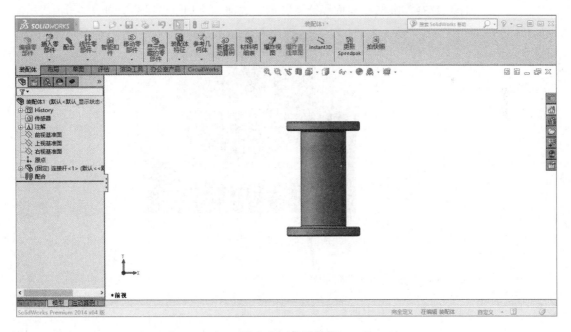

图 6-55　放置零件

6.1.7　插入汽缸并添加配合

（1）单击"装配体"工具栏中的"插入零部件"按钮，会出现"插入零部件"属性管理器，如图 6-11 所示。

（2）在"插入零部件"属性管理器中单击"浏览"按钮，会出现"打开"对话

提示
汽缸零件的名称前多了一个"(-)",表示零件是浮动的。

提示
可以先选择需要配合的面,再单击"装配体"工具栏中的"配合"按钮,然后在弹出的菜单中选择配合种类,同时也可以在菜单中选择"撤销"或"确定"选项。

框,在该对话框中选择"汽缸"零件,如图6-56所示。

(3)单击"装配体"工具栏中的"配合"按钮,弹出配合属性管理器,选择同轴心配合,将零件放大,选择汽缸上M3.5的安装孔和连接座上的孔,单击"确定"按钮,效果如图6-57所示。同理,对另一个安装孔添加同轴心配合。

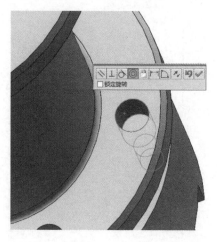

图6-56 插入汽缸零件　　　　　　　　图6-57 同轴心配合

(4)选择汽缸的上表面和连接杆的下表面,添加重合配合,如图6-58所示。

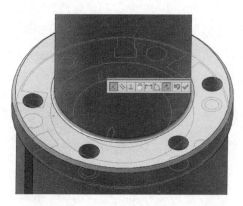

图6-58 重合配合

6.1.8 插入安装座并添加配合

(1)同6.1.7节中的操作步骤一样,插入安装座,如图6-59所示。

(2)单击"装配体"工具栏中的"旋转零部件"按钮,出现"旋转零部件"属性管理器,如图6-60所示。将安装座旋转到如图6-61所示的位置。

(3)单击"装配体"工具栏中的"配合"按钮,选择安装座和汽缸上安装槽的侧面,添加重合配合,如图6-62所示;选择安装座和汽缸上安装槽的上表面,添加重合配合,如图6-63所示;选择安装座和汽缸上安装槽的前表面,添加距离配合,间距为8 mm,如图6-64所示。

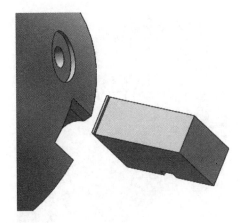

图 6-59　插入安装座

图 6-60　旋转零部件

图 6-61　旋转安装座

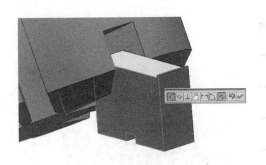

图 6-62　重合 2

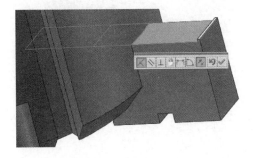

图 6-63　重合 3

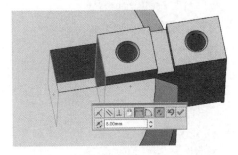

图 6-64　距离 1

（4）单击"装配体"菜单栏中的"圆周阵列"按钮 ✥，将安装座阵列装配到汽缸上，如图 6-65、图 6-66 所示。

6.1.9　插入手指并添加配合

（1）同 6.1.8 节中的操作步骤一样，插入手指并旋转到适当位置，如图 6-67 所示。

（2）单击"装配体"工具栏中的"配合"按钮 ▨，选择手指和安装槽孔的表面，添加同轴心配合，如图 6-68 所示；选择安装座和手指的侧面，添加平行配合，如图 6-69

图 6-65   圆周阵列属性管理器   图 6-66   圆周阵列 1

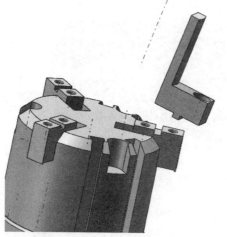

图 6-67   装配手指

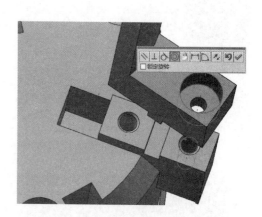

图 6-68   同轴心 3

所示；选择安装座的上表面和手指的下表面，添加重合配合，如图 6-70 所示。

图 6-69   平行 1

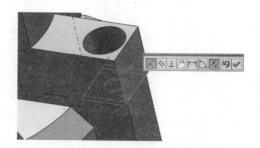

图 6-70   重合 4

（3）单击"装配体"工具栏中的"圆周阵列"按钮 ，将安装座阵列装配到汽缸上，如图 6-71 所示。

6.1.10　生成夹持夹具爆炸视图

（1）单击"装配体"工具栏中的"爆炸视图"按钮 ，将连接杆向上移动 30 mm，如图 6-72 所示。

（2）将安装座连同手指向外移动 30 mm，如图 6-73 所示。

（3）将手指向下移动 30 mm，如图 6-74 所示。爆炸结果如图 6-75 所示。

图 6-71　夹持夹具

图 6-72　爆炸连接杆

图 6-73　爆炸手指和安装座

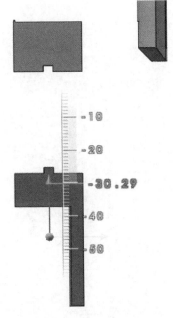

图 6-74　爆炸手指

图 6-75　爆炸视图

任务拓展

6.1.11　从资源管理器添加零部件

（1）单击"打开"按钮，出现"打开"对话框，选择"曲柄滑块机构装配体.sldasm"文件，如图6-76所示，单击"打开"按钮。

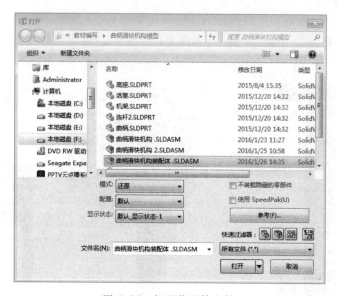

图6-76　打开装配体文件

（2）打开Windows资源管理器，使它显示在最上层，而不被任何窗口所遮挡，浏览到包含所需零部件的文件夹，如图6-77所示。

图6-77　打开Windows资源管理器

（3）从资源管理器窗口中拖动"连杆"文件图标到 SolidWorks 图形区域的任意处，此时零部件预览会出现在图形区域，将其放置在装配体窗口的图形区域即可，如图 6-78 所示。

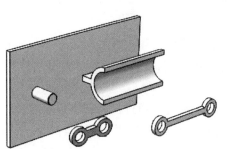

图 6-78　将零部件放置到 SolidWorks 图形区域

任务 2　工业机器人上下料工作站旋转上料机装配及仿真

任务分析

本任务完成项目 4 中工业机器人上下料工作站旋转上料机的装配。该上料机主要包括底座、安装板、回转支承、小齿轮、回转台面、电机、芯轴等零件，主要使用标准配合中的同轴心、重合、圆周阵列，机械配合中的齿轮配合等配合关系。完成该项目的装配后，还需要完成上料机的运动仿真。

相关知识

6.2.1　其他配合

1. 高级配合

高级配合包括对称配合、宽度配合、路径配合、线性/线性耦合配合、距离配合，如图 6-79 所示。高级配合主要用于动态零部件。

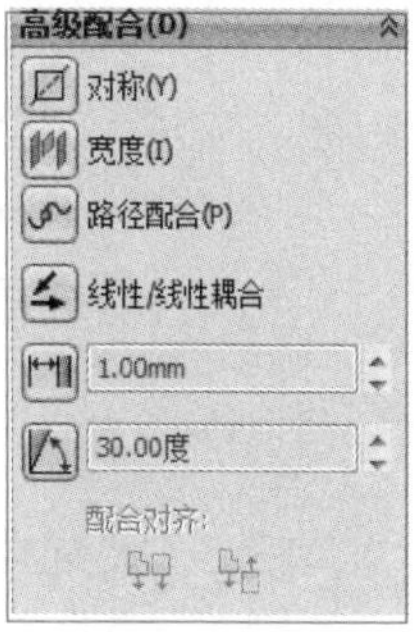

（1）▨（对称）配合：强制使两个相似的实体相对于零部件的基准面或平面或装配体的基准面对称。

（2）〿（宽度）配合：使薄片处于凹槽宽度的中心。薄片参考可以包括两个平行面、两个不平行面、一个圆柱面或轴。凹槽宽度参考可以包括两个平行平面、两个不平行平面。

（3）〜（路径）配合：将零部件上所选的点约束到路径。零件将沿着路径纵倾、偏转和摇摆。

（4）⤢（线性/线性耦合）配合：在一个零部件的平移和另一个零部件的平移之间建立几何关系。

2. 机械配合

（1）⊘（凸轮推杆）配合：为一相切或重合配合类型。允许将圆柱、基准面或

图 6-79　高级配合

点与一系列相切的拉伸曲面相配合，如同在凸轮上可看到的。可从直线、圆弧以及样条曲线制作凸轮的轮廓，只要它们保持相切并形成一闭合的环。

（2）（齿轮）配合：强迫两个零部件绕所选轴相对旋转。齿轮配合的有效旋转轴包括圆柱面、圆锥面、轴和线性边线。

（3）（铰链）配合：将两个零部件之间的移动限制在一定的旋转范围内。其效果相当于同时添加同轴心配合和重合配合。此外还可以限制两个零部件之间的移动角度。

（4）（齿条和齿轮）配合：通过齿条和小齿轮配合，某个零部件（齿条）的线性平移会引起另一零部件（小齿轮）做圆周旋转，反之亦然。可以配合任何两个零部件以进行此类相对运动。这些零部件不需要有轮齿。

（5）（螺旋）配合：将两个零部件约束为同心，还在一个零部件的旋转和另一个零部件的平移之间添加纵倾几何关系。一个零部件沿轴方向的平移会根据纵倾几何关系引起另一个零部件的旋转。同样，一个零部件的旋转可引起另一个零部件的平移。

（6）（万向节）配合：一个零部件（输出轴）绕自身轴的旋转由另一个零部件（输入轴）绕其轴的旋转驱动。

（7）（槽口）配合：将螺栓配合到直通槽或圆弧槽，也可将槽配合到槽。可以选择轴、圆柱面或槽，以便创建槽口配合。

6.2.2　配合原则

（1）最佳配合是把多数零件配合到一个或两个固定的零件。链式配合容易产生错误，应避免使用。

（2）对于带有大量配合的零件，使用基准轴、基准面为配合对象可使配合方案清晰，不容易产生错误。

（3）循环配合会造成潜在的错误，并且很难排除，应尽量避免使用。

（4）尽量避免冗余配合。尽管 SolidWorks 允许冗余配合（距离和角度配合除外），但冗余配合会使配合解算速度变慢，配合方案难于理解，一旦出错，难以排查。

（5）一旦出现配合错误，应尽快修复。添加配合不会修复先前的配合问题。

（6）在添加配合前将零部件拖动到大致正确的位置和方向，因为这会给配合解算应用程序更佳机会将零部件捕捉到正确位置。

（7）尽量减少限制配合的使用。限制配合解算速度较慢，容易导致错误。

（8）如果有可能减少自由度，尽量完全定义零部件的位置。带有大量自由度的装配体解算速度较慢，拖动时容易产生不可预料的结果。

（9）对于已经确定位置或定型的零部件，使用固定代替配合能加快解算速度。

（10）如果零部件引起问题，与其诊断每个配合，不如删除所有配合并重新创建。对于同向对齐/反向对齐和尺寸方向冲突更是如此。

（11）绘制零件时，尽量完全定义所有草图，不建议从 CAD 中直接复制草图进行建模。不精确的草图容易产生配合错误，且极难分析错误的原因。

6.2.3　运动算例简介

运动算例是装配体模型运动的图形模拟。运动算例工具有以下 3 种。

（1）动画（在 SolidWorks 内使用）：可使用动画来演示装配体的运动。例如，添加马达来驱动装配体一个或多个零件的运动，使用设定键码点在不同时间规定装配体零部件的位置。

（2）基本运动（在 SolidWorks 内使用）：可使用基本运动在装配体上模仿马达、弹簧、碰撞以及引力。基本运动在计算运动时会考虑质量。

（3）运动分析（在 SolidWorks Premium 的 SolidWorks Motion 插件中使用）：可使用运动分析在装配体上精确模拟和分析运动单元的效果（包括力、弹簧、阻尼以及摩擦）。运动分析使用计算能力强大的动力求解器，在计算中会考虑材料属性、质量及惯性。

6.2.4　运动管理器

单击 SolidWorks 窗口左下角的"运动算例"标签，出现运动管理器，如图 6-80 所示。下面介绍其各部分功能。

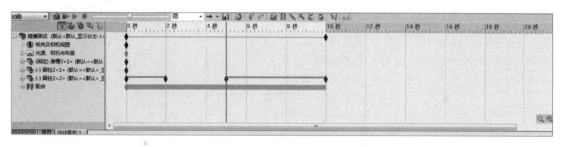

图 6-80　运动管理器

（1）：用于选择动画类型，包括动画、基本运动、Motion 分析 3 类。

（2）"计算"按钮：用于在两键码之间产生动画。

（3）播放控制：用于对动画进行播放控制的按钮如图 6-81 所示。

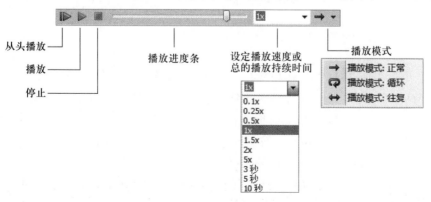

图 6-81　播放控制

（4）"保存动画"按钮 ▦：可将动画保存成 AVI 或其他一些格式的文件。

（5）"动画向导"按钮 ▨：可利用动画向导在当前时间栏插入视图旋转，爆炸或解除爆炸动画。

（6）键码设置。

"自动键码"按钮 ▨：按下该按钮时，自动为当前拖动的部件在时间栏添加键码。

"添加/更新键码"按钮 ▨：为所选项当前特性创建一新键码，或更新现有键码。

（7）驱动源设置：可以真实模拟物体之间的相互运动，如图 6-82 所示。

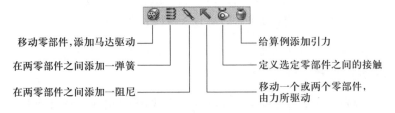

图 6-82　驱动源

（8）设计树：用于选定运动算例的对象，可以是零部件、配合或光源、相机等，可过滤动画、过滤驱动或过滤选定，如图 6-83 所示。

（9）动画区域：如图 6-84 所示。

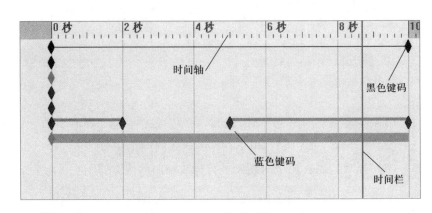

图 6-83　设计树　　　　　　　　　　　　　　图 6-84　动画区域

① 可以通过 🔍 🔍 🔍 按钮缩放时间轴，表示缩放动画制作时间。

② 两黑色键码之间有一条黑色细线，表示为动画时间区域。右击输入数字或在按住 Alt 键的同时拖动右边的黑色键码，可以延长或缩短动画时间。

③ 通过自动或手动添加蓝色键码，在两蓝色键码之间产生一条直线，表示有动画效果产生。

④ 在动画区域的任意位置右击，会弹出一个快捷菜单，用于移动时间栏、在当前时间栏复制或粘贴键码、插入动画向导等，如图 6-85 所示。

图 6-85　动画区域快捷菜单

6.2.5　键码操作

1. 生成键码

生成键码前需要先选择零件，然后移动时间栏。生成键码有以下两种方法。

方法一：手动放置键码，先移动或转动零件，再单击"添加/更新键码"按钮  放置键码。

方法二：自动键码，先按下"自动键码"按钮，再移动或转动零件，此时自动在当前时间生成键码，在前一时间和当前时间之间出现一条绿色直线。

2. 替换键码

键码用于保存零件当前所在的位置或特性，当零件当前所在的位置或特性不符合要求时，需要替换键码。其操作是将时间栏放在需要替换键码处，改变零件当前所在的位置或特性后，在键码处右击，在弹出的快捷菜单中选择"替换键码"命令，如图 6-86 所示。

3. 复制、粘贴键码

方法一：利用快捷键复制、粘贴键码。

方法二：利用右键菜单复制、粘贴键码。

图 6-86　选择"替换键码"命令

6.2.6　驱动源的类型

驱动源用于模拟物体之间的相互运动，包括马达、弹簧、接触引力等。

（1）马达：马达分为线性马达和旋转马达，是使用物理动力围绕装配体移动零部件的模拟成分。

（2）弹簧：弹簧是通过模拟各种弹簧类型的效果而绕装配体移动零部件的模拟单元。

（3）接触：接触用于模拟物体碰撞时的相互接触，不能单独使用，需要与其他驱动源相配合。

（4）引力：引力用于模拟沿某一方向的万有引力，在零部件自由度之内逼真地移动零部件。

任务实施

6.2.7　上料机装配

（1）选择菜单栏中的"文件"|"新建"命令，在装配体文件中插入第一个零件——底座，如图 6-87 所示。

（2）插入安装板并旋转到适当位置，如图 6-88 所示。

（3）单击"装配体"工具栏中的"配合"按钮，选择底座和安装板的两组孔，添加同轴心配合，如图 6-89（a）所示；选择底座的上表面和安装板的下表面，添加重合配合，如图 6-89（b）所示。

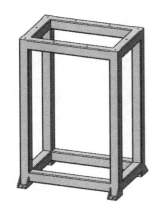

图 6-87　插入第一个零件——底座

图 6-88　旋转底座

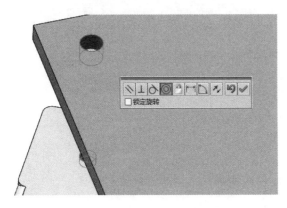

(a) 同轴心1

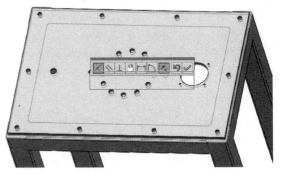

(b) 重合

图 6-89　装配安装板

（4）插入电机装配体并旋转到适当位置，如图 6-90 所示。

（5）单击"装配体"工具栏中的"配合"按钮，选择电机外圆和安装板的电机安装孔，添加同轴心配合，如图 6-91 所示；选择电机和安装板上的螺纹孔，添加同轴心配合，如图 6-92 所示；选择电机减速器的上表面和安装板的下表面，添加重合配合，如图 6-93 所示。

图 6-90　电机

图 6-91　同轴心 3

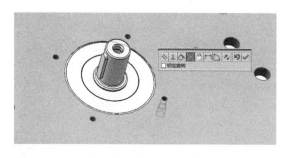

图 6-92　同轴心 4

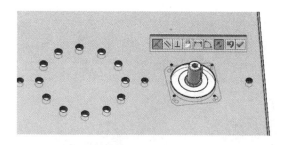

图 6-93　重合 2

（6）插入小齿轮并旋转到适当位置，如图 6-94 所示。

（7）单击"装配体"工具栏中的"配合"按钮，选择电机轴外圆和小齿轮内
圆，添加同轴心配合，如图 6-95 所示；选择电机减速器上表面和小齿轮下表面，添
加重合配合，如图 6-96 所示。

提示

为了后续的仿真，
这里没有给电机的
键和小齿轮的键槽
添加配合关系。

图 6-94　小齿轮

图 6-95　同轴心 5

（8）插入回转支承并旋转到适当位置，如图 6-97 所示。

图 6-96　重合 3

图 6-97　回转支承

（9）单击"装配体"工具栏中的"配合"按钮，选择回转支承内圈和安装板
上的两组圆，添加同轴心配合，如图 6-98 所示；选择回转支承内圈的下表面和安装
板的上表面，添加重合配合，如图 6-99 所示。

（10）单击"装配体"工具栏中的"配合"按钮，选择两齿轮的齿廓面或者
齿顶圆圆面，添加"机械配合"面板中的齿轮配合，如图 6-100 所示。

（11）插入旋转台面并旋转到适当位置，如图 6-101 所示。

图 6-98   同轴心 6

图 6-99   重合 4

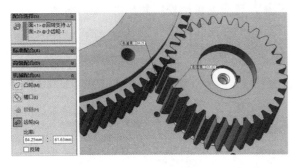

图 6-100   齿轮配合

图 6-101   旋转台面

（12）单击"装配体"工具栏中的"配合"按钮 ，选择回转支承外圈和回转台面上的两组圆，添加同轴心配合，如图 6-102 所示；选择回转支承外圈的上表面和旋转台面的下表面，添加重合配合，如图 6-103 所示。

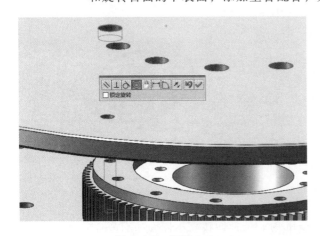

图 6-102   同轴心 8

图 6-103   重合 5

（13）插入芯轴并旋转到适当位置，如图 6-104 所示。

（14）单击"装配体"工具栏中的"配合"按钮 ，选择芯轴安装端外圆和回转台面上的安装孔，添加同轴心配合，如图 6-105 所示；选择芯轴六棱柱下表面和旋转台面上表面，添加重合配合，如图 6-106 所示。

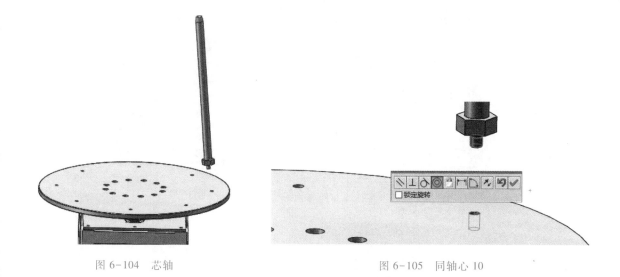

图 6-104　芯轴　　　　　　　　　　　　　图 6-105　同轴心 10

（15）单击"装配体"工具栏中的"圆周阵列"按钮 ✖，将安装座阵列装配到汽缸上，如图 6-107 所示。

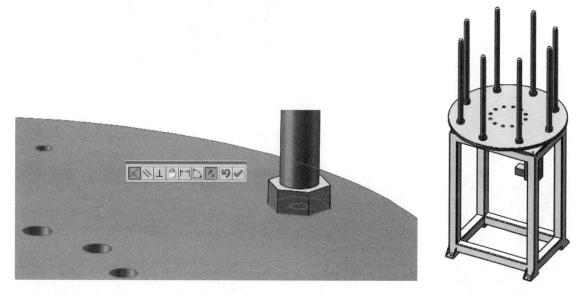

图 6-106　重合 6　　　　　　　　　　　　　图 6-107　上料机装配

6.2.8　上料机仿真

（1）单击装配界面左下角的"运动算例"标签，新建运动算例。

（2）在装配特征管理树中选择"回转支持"并右击，在弹出的快捷菜单中选择"使子装配体为柔性"，如图 6-108 所示，这样回转支承才能够转动。

（3）在装配特征管理树中选择"旋转台面"并右击，在弹出的快捷菜单中选择"隐藏零部件"，如图 6-109 所示。

（4）单击小齿轮的上表面，添加"马达"驱动源，如图 6-110 所示。

图 6-108　选择"使子装配体为柔性"

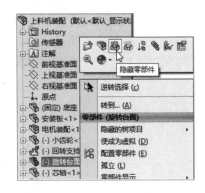

图 6-109　选择"隐藏零部件"

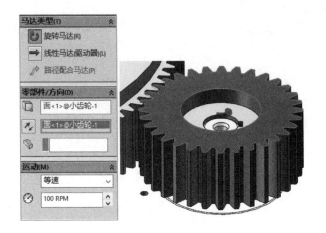

图 6-110　添加马达驱动

（5）在键码区设定如图 6-111 所示的键码，单击"计算"按钮，就能完成上料机的仿真。

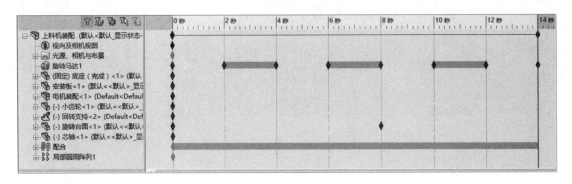

图 6-111　键码

任务拓展

6.2.9　高级配合操作

模型如图 6-112 所示，让滑块与滑槽配合。要求：滑块只能在滑槽内移动，且滑块与滑槽的对称平面重合。要实现这个要求，需要三个配合：标准配合中的重合配合，以及高级配合中的对称配合和限制配合。

其操作步骤如下。

（1）创建一个装配体文件，先插入滑槽零件，作为基准件，再插入滑块零件。

（2）单击"装配体"工具栏中的"配合"按钮，弹出配合属性管理器，选择标准配合中的重合配合，并选择滑槽的上表面和滑块的下表面，单击"确定"按钮后，滑块自动放置在滑槽面上，如图 6-113 所示。此时，滑块可以在滑槽面上移动。

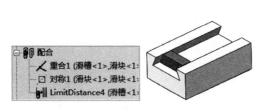
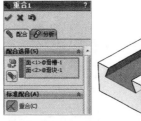
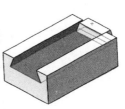

图 6-112　高级配合实例　　　　　　　　　　图 6-113　重合配合

（3）单击"参考几何体"按钮，选择基准面，在"基准面"属性管理器中，设置第一参考面和第二参考面分别为滑槽前后面，单击"确定"按钮，生成滑槽的对称中心面，如图 6-114 所示。

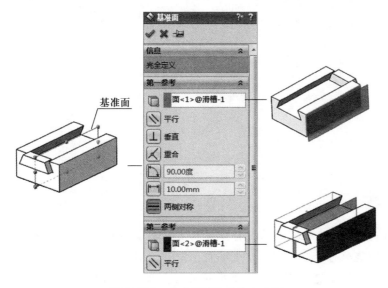

图 6-114　生成滑槽的对称中心面

（4）单击"配合"按钮，弹出配合属性管理器，选择高级配合中的对称配合，按图 6-115 所示进行配合选择，然后单击"确定"按钮。此时，滑块只能沿滑槽移动，但可以移出滑槽外。对称配合可以使滑块与滑槽的对称平面重合，使间隙一致。

（5）单击"配合"按钮，弹出配合属性管理器，选择高级配合中的限制配合，按图 6-116 所示进行配合选择，设置滑块移动的极限位置为（0，105），单击"确定"按钮。此时，滑块只能在滑槽内移动。

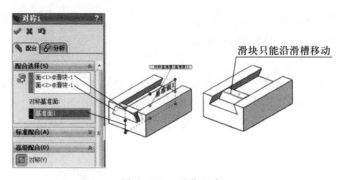

图 6-115　对称配合

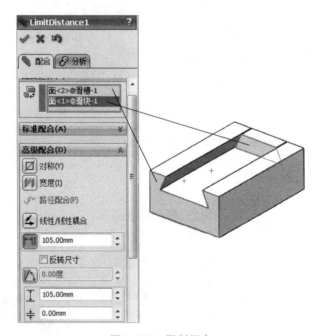

图 6-116　限制配合

项目小结

　　本项目通过对工业机器人上下料工作站夹持夹具装配、旋转上料机装配、曲柄滑块机构模型装配的学习，可令读者掌握装配体文件的创建方法、零件的配合和约束的方法、生成爆炸视图的方法，以及利用动力源进行机构运动仿真、生成动画文件的相关知识。

思考与练习答案

思考与练习

一、选择题

1. 当使用以前生成的不在线的零件时，(　　)的设计方法是首选方法。

A. 自下而上　　　　　　B. 自上而下　　　　　　C. 以上都不正确

2. 装配体文件的文件类型为（　　　）。

A. *.sldasm　　　　　　　B. *.sldprt　　　　　　C. *.asm

3. 下面不属于标准配合的有（　　　）。

A. 重合、平行配合　　　　　　　　　　B. 垂直、相切、同轴心配合

C. 锁定、对称、角度配合

4. （　　　）配合与距离配合一起使用，可确保两几何要素在同一方向上保持一定的距离。

A. 重合　　　　　　　　B. 平行　　　　　　　　C. 垂直

5. 对于配合原则，下列说法中不正确的是（　　　）。

A. 对于带有大量配合的零件，使用基准轴、基准面为配合对象可使配合方案清晰，不容易产生错误

B. 循环配合会造成潜在的错误，并且很难排除，应尽量避免使用

C. SolidWorks 不允许冗余配合（距离和角度配合除外），冗余配合使配合解算速度变慢，配合方案难于理解，一旦出错，难以排查

6. 可使用（　　　）在装配体上模仿马达、弹簧、碰撞以及引力。

A. 动画　　　　　　　　B. 基本运动　　　　　　C. 运动分析

7. 可使用（　　　）在装配体上精确模拟和分析运动单元的效果(包括力、弹簧、阻尼以及摩擦)，它使用计算能力强大的动力求解器，在计算中会考虑材料属性、质量及惯性。

A. 动画　　　　　　　　B. 基本运动　　　　　　C. 运动分析

8. （　　　）用于模拟物体碰撞时的相互接触，不能单独使用，需要与其他驱动源相配合。

A. 马达　　　　　　　　B. 接触　　　　　　　　C. 力

9. 在 SolidWorks 中，一个配置只能添加（　　　）爆炸关系，每个爆炸视图包括（　　　）爆炸步骤。

A. 一个　一个　　　　　B. 一个　多个　　　　　C. 多个　一个

10. 任何一个零件都有一个前缀标记，"（－）"表明（　　　）。

A. 对此零件没有添加配合约束，或所添加的配合不足以完全消除零件的 6 个自由度，零件处于"浮动"或不完全约束的状态，可以进行拖动操作

B. 对此零件没有添加配合约束，或所添加的配合不足以完全消除零件的 6 个自由度，零件处于"浮动"或不完全约束的状态，不能进行拖动操作

C. 对此零件添加了过多的配合约束，处于过定位状态，应删除一些不必要的配合

11. 用于实现在一个零部件的平移和另一个零部件的平移之间建立几何关系的配合是（　　　）。

A. 路径配合　　　　　　　　　　　　　B. 特征驱动/特征驱动耦合配合

C. 限制配合

12. 重合配合关系比较常用，可以使一个零件的顶点、直线、平面与另外一个零件的顶点、直线、平面重合。 这里的直线不包括（　　　）。

A. 边线　　　　　　　　B. 轴线、临时轴线　　　　　　C. 对称中心线

13. （　　　）配合常用于使两个零件的内外圆柱面、圆锥面、圆弧面之间同轴，使两个所选对象的轴线重合。

A. 同轴心　　　　　　　B. 重合　　　　　　　　　C. 距离

14. （　　　）配合常用于使一个零件的两个外侧面与一个凹槽零件的两个内侧面对称。

A. 对称　　　　　　　　B. 宽度　　　　　　　　　C. 限制

二、填空题

1. 装配体有_____和_____两种设计方法。

2. 在制作装配体时，首先要确定_____零件，系统自动将_____被插入的零件作为基准件，设定为"固定"。

3. 固定零件与浮动零件的区别是：固定零件一般放置在_____，浮动零件可以任意放置（位置不固定）。

4. 旋转零部件有_____"对于实体""由 Delta XYZ"三种方式。

5. 高级配合包括_____、宽度配合、_____、线性/线性耦合配合、距离配合。

6. 装配体的_____可以分离其中的零部件以便查看这个装配体。

7. 在 SolidWorks 中，可以通过_____或一个零部件一个零部件地爆炸来创建装配体的爆炸视图。

8. 运动算例工具包括动画、_____和运动分析。

9. 驱动源用于模拟物体之间的相互运动，有_____、弹簧、_____、引力等。

10. 马达分为_____和旋转马达，是使用物理动力围绕装配体移动零部件的模拟成分。

11. 在 SolidWorks 中生成的动画可以保存为视频文件或_____。

12. 装配体的零部件可以是独立的零件，也可以是_____。

13. 装配体文件不能单独存在，要和_____一起存在才有意义。

14. 为装配体中的零部件添加约束的过程就是消除其_____的过程。

15. 装配体中的零部件共有 4 种状态，分别为还原、_____、_____和隐藏。

三、判断题

1. 基准件不能被移动和旋转。　　　　　　　　　　　　　　　　　　　（　　　）

2. 固定零件一般放置在原点（固定不动）。　　　　　　　　　　　　　（　　　）

3. 对零部件文件所进行的任何改变都会更新装配体。　　　　　　　　　（　　　）

4. 如果想要删除某种配合，只要在特征管理器中选择其名称，按 Delete 键，弹出"确认删除"对话框，单击"是"按钮即可。　　　　　　　　　　　　　　（　　　）

5. 路径配合是将零部件上所选的点约束到路径。零件将沿着路径纵倾、偏转和摇摆。　　　　　　　　　　　　　　　　　　　　　　　　　　　　　　　（　　　）

6. 最佳配合是把多数零件配合到一个或两个固定的零件。　　　　　　　（　　　）

7. 装配体爆炸后，可以给装配体添加配合。   （   ）

8. 一个爆炸视图必须包括多个爆炸步骤，每一个爆炸视图保存在所生成的装配体配置中，每一个配置都可以有一个爆炸视图。   （   ）

9. 通过在运动算例里自动或手动添加蓝色键码，会在两蓝色键码之间产生一条直线，表示有动画效果产生。   （   ）

10. 两黑色键码之间有一条黑色细线，表示为动画时间区域。右击输入数字或在按住 Alt 键的同时拖动右边的黑色键码，可以延长或缩短动画时间。   （   ）

11. 手动放置键码时，先移动或转动零件，再单击"添加/更新键码"按钮 ⬥⁺ 放置键码。   （   ）

12. 移动或转动零件，再按下"自动键码"按钮 ⚡，此时自动在当前时间生成键码，在前一时间和当前时间之间出现一条绿色直线。   （   ）

四、上机题

对项目 3 中的焊接机器人末端操作器进行装配。

项目 **7**

工业机器人上下料工作站支架工程图

在实际生产中，用来指导生产的主要技术文件并不是前面介绍的三维零件模型和装配体模型，而是工程图。SolidWorks 可以将三维零件模型或装配体模型变成二维工程图。零件、装配体和工程图是互相链接的文件。对零件或装配体所作的任何更改都会导致工程图文件的相应变更。

📖 知识目标

- 了解工程图创建原理、方法和用途。
- 了解工程图作图环境设置的方法和用途。
- 掌握标准三视图的创建方法和技巧。
- 掌握辅助视图的创建方法和技巧。
- 掌握剖面视图的创建方法和技巧。
- 掌握工程注解的标注方法和技巧。

☑ 技能目标

- 了解工程图作图环境的设置和操作。
- 掌握标准三视图的相关操作和技巧。
- 掌握辅助视图的相关操作和技巧。
- 掌握剖面视图的相关操作和技巧。
- 掌握注解标注的操作和技巧。

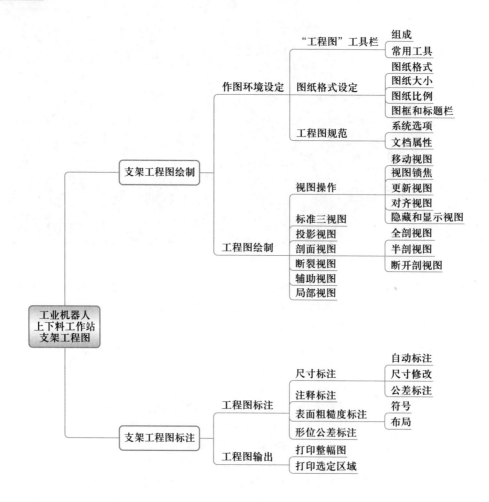

工业机器人上下料工作站支架工程图

支架工程图绘制
- 作图环境设定
  - "工程图"工具栏
    - 组成
    - 常用工具
  - 图纸格式设定
    - 图纸格式
    - 图纸大小
    - 图纸比例
    - 图框和标题栏
  - 工程图规范
    - 系统选项
    - 文档属性
- 工程图绘制
  - 视图操作
    - 移动视图
    - 视图锁焦
    - 更新视图
    - 对齐视图
    - 隐藏和显示视图
  - 标准三视图
  - 投影视图
  - 剖面视图
    - 全剖视图
    - 半剖视图
    - 断开剖视图
  - 断裂视图
  - 辅助视图
  - 局部视图

支架工程图标注
- 工程图标注
  - 尺寸标注
    - 自动标注
    - 尺寸修改
    - 公差标注
  - 注释标注
  - 表面粗糙度标注
    - 符号
    - 布局
  - 形位公差标注
- 工程图输出
  - 打印整幅图
  - 打印选定区域

任务 1　支架工程图绘制

任务分析

本任务要将支架零件转变成如图 7-1 所示的工程图，分析可知，主视图需要平行剖视图，左视图是向视图，俯视图是标准的三视图。

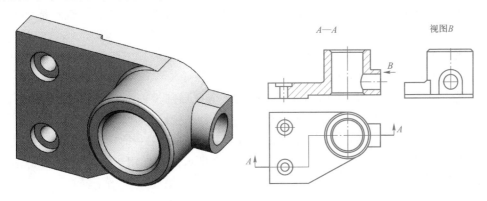

图 7-1　支架工程图

相关知识

7.1.1　"工程图"工具栏

工程图窗口与零件、装配体窗口基本相同，也包括特征管理器。工程图的特征管理器设计树中包含其项目层次关系的清单。每张图纸各有一个图标，每张图纸下有图纸格式和每个视图的图标及视图名称。

项目图标旁边的符号"+"表示它包含相关的项目，单击符号"+"即可展开所有项目并显示内容。

工程图窗口的顶部和左侧有标尺，用于画图参考。如要打开或关闭标尺的显示，可选择菜单栏中的"视图"|"标尺"命令。

"工程图"工具栏如图 7-2 所示。

图 7-2　"工程图"工具栏

🖳（标准三视图）：为所显示的零件或装配体同时生成三个默认正交视图。主视图与俯视图及侧视图有固定的对齐关系。俯视图可以竖直移动，侧视图可以水平移动，使用在"图纸属性"对话框中所指定的第一角或第三角投影法。

🖳（模型视图）：根据现有模型或装配体添加正交或命名视图。

🖳（投影视图）：从一个已经存在的视图展开新视图而添加一投影视图。

（辅助视图）：从一线性实体（边线或草图实体等）通过展开一新视图而添加一视图。

（剖面视图）：可以用一条剖切线来分割父视图，在工程图中生成一个剖面视图。剖面视图可以是全剖视图、阶梯剖视图、半剖视图、旋转剖视图。

（局部视图）：可以在工程图中生成一个局部视图来显示一个视图的某个部分（通常是以放大比例显示）。此局部视图可以是正交视图、3D 视图、剖面视图、裁剪视图、爆炸装配体视图或另一局部视图。

（断开的剖视图）：断开的剖视图为现有工程视图的一部分，而不是单独的视图。闭合的轮廓通常是样条曲线，用来定义断开的剖视图。

（断裂视图）：可以将过长且形状没有变化或成规律变化的工程图视图用较大比例显示在较小的工程图纸上。

（剪裁视图）：除了局部视图、已用于生成局部视图的视图或爆炸视图，可以裁剪任何工程视图。由于没有建立新的视图，裁剪视图可以节省步骤。

（交替位置视图）：可以使用交替位置视图工具将一个工程视图精确叠加于另一个工程视图之上。交替位置视图以幻影线显示，它常用于显示装配体的运动范围。

教学课件
图纸设定

7.1.2　图纸格式设定

打开一幅新的工程图时，必须选择一种图纸格式。图纸格式可以采用标准图纸格式，也可以自定义和修改图纸格式。标准图纸格式包括至系统属性和自定义属性的链接。

图纸格式有助于生成具有统一格式的工程图。工程图视图格式被视为 OLE 文件，因此能嵌入如位图之类的对象文件中。

1. 图纸格式

图纸格式包括图框、标题栏和明细栏的格式，具体有下面两种类型。

（1）标准图纸格式。

① 单击"标准"工具栏中的"新建"按钮　，或选择菜单栏中的"文件"｜"新建"命令，出现如图 7-3 所示的"新建 SolidWorks 文件"对话框。

② 在"新建 SolidWorks 文件"对话框中单击"高级"按钮，即可看到如图 7-4 所示的"模板"选项卡，在其中选择所需的工程图模板。

（2）无图纸格式。

选择"图纸属性"对话框中的"自定义图纸大小"单选按钮，可以定义无图纸格式，即选择无边框、标题栏的空白图纸。此选项要求指定纸张大小，也可以定义用户自己的格式。

如果想要选择一种图纸格式，可以采用如下步骤。

① 单击"标准"工具栏中的"新建"按钮　。

② 单击"工程图"按钮　，然后单击"确定"按钮。

③ 弹出"图纸属性"对话框，从下列选项中选择其中之一，然后再单击"确定"按钮。

图 7-3 "新建 SolidWorks 文件"对话框

图 7-4 "模板"选项卡

- 标准图纸大小：选择标准图纸大小，或单击"浏览"按钮找出自定义图纸格式文件。

- 自定义图纸大小：需要指定图纸宽度和高度。

2. 修改图纸设定

纸张大小、图纸格式、绘图比例、投影类型等图纸细节在绘图时或以后都可以随时在"图纸属性"对话框中更改。

（1）修改图纸属性。

在特征管理器中右击图纸的图标，或右击工程图图纸的空白区域，或右击工程图窗口底部的图纸标签，在弹出的快捷菜单中选择"属性"命令，将出现如图 7-5 所示的"图纸属性"对话框。

> **提示**
> 若想在现有工程图文件中选择不同的图纸格式，可在图形区域右击，在弹出的快捷菜单中选择"属性"命令。若想保存图纸格式，可选择菜单栏中的"文件"|"保存图纸格式"命令。

图 7-5 "图纸属性"对话框

"图纸属性"对话框中各选项的含义如下。

① 基本属性选项。

● 名称：激活图纸的名称，可按需要编辑名称，默认为"图纸 1""图纸 2""图纸 3"等。

● 比例：为图纸设定比例。注意，比例是指图中图形与其实物相应要素的线性尺寸之比。

● 投影类型：为标准三视图投影选择第一视角或第三视角，国内常用的是第三视角。

● 下一视图标号：指定将使用在下一个剖面视图或局部视图的字母。

● 下一基准标号：指定要用作下一个基准特征符号的英文字母。

②"图纸格式/大小"选项。

● 标准图纸大小：选择一标准图纸大小，或单击"浏览"按钮找出自定义图纸格式文件。

● 重装：如果对图纸格式作了更改，单击该按钮以返回到默认格式。

● 显示图纸格式：显示边界、标题块等。

● 自定义图纸大小：指定图纸宽度和高度。

③ 使用模型中此处显示的自定义属性值：如果图纸上显示一个以上的模型，且工程图包含链接到模型自定义属性的注释，则选择包含想使用属性的模型视图。如果没有另外指定，将使用插入到图纸的第一个视图中的模型属性。

（2）设定多张工程图纸。

任何时候都可以在工程图中添加图纸，其操作步骤如下。

① 选择菜单栏中的"插入"|"图纸"命令，或右击如图 7-6 所示的特征管理器中的图纸标签或下方的图纸图标，在弹出的快捷菜单中选择"添加图纸"命令，出现"图纸属性"对话框。

② 按前述方法设定图纸细节。

③ 单击"确定"按钮，即可添加一张图纸，在特征管理器中多了一个图纸标签，图纸下方的图纸图标也多了一个。

（3）激活图纸。

如果想要激活图纸，可以采用下面的方法之一。

● 在图纸下方单击要激活图纸的图标。

● 右击图纸下方要激活图纸的图标，在弹出的快捷菜单中选择"激活图纸"命令。

● 右击特征管理器中的图纸标签或图纸图标，在弹出的快捷菜单中选择"激活图纸"命令。

（4）删除图纸。

① 右击特征管理器中要删除图纸的标签或图纸图标，在弹出的快捷菜单中选择"删除"命令。要删除激活图纸，还可以右击图纸区域任何位置，在弹出的快捷菜单中选择"删除"命令。

② 在出现的"确认删除"对话框中单击"是"按钮，如图 7-7 所示，即可删除图纸。

图 7-6　选择"添加图纸"命令

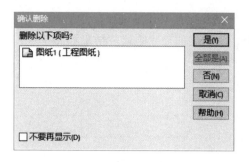

图 7-7　"确认删除"对话框

3. 自定义图框和标题栏

微课
自定义图纸格式

自定义图框和标题栏的操作步骤如下。

（1）右击特征管理器中的"图纸 1"，在弹出的快捷菜单中选择"编辑图纸格式"命令，系统自动转换到编辑图纸状态，如图 7-8 所示。

（2）单击"草图"工具栏中的"边角矩形"按钮 ⬜，在图形区域任意位置绘制矩形。在"矩形"属性管理器中设置矩形各点的参数值，如图 7-9 所示。设置完成后，单击"确定"按钮 ✔。创建的矩形，即图框如图 7-10 所示。

图 7-8　选择"编辑图纸格式"命令

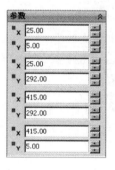

图 7-9　设置参数

图 7-10　图框

（3）按住 Ctrl 键依次选择矩形的 4 条边，在"属性"属性管理器中，选择"固定"约束类型，如图 7-11 所示。

（4）按照图 7-12 所示，使用直线、剪裁实体等命令，绘制标题栏。

图 7-11　添加约束

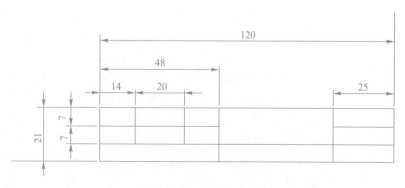

图 7-12　绘制标题栏

（5）按住 Ctrl 键选择标注的尺寸，右击，在弹出的快捷菜单中选择"隐藏"命令，将标注的尺寸隐藏。结果如图 7-13 所示。

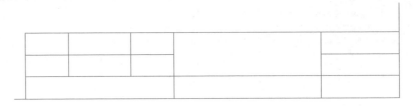

图 7-13　隐藏尺寸

提示
"几何制图"文字大小为 5 mm，直接在出现的"格式化"对话框中更改文字大小为 5 mm 即可。

（6）单击"注解"工具栏中的"注释"按钮 A，在标题栏合适位置单击，出现"格式化"对话框，输入文字，例如输入"制图"，如图 7-14 所示。在下一个位置单击，输入其他文字，完成标题栏中的注释。完成后，单击"确定"按钮，退出添加文字注释状态，结果如图 7-15 所示。

图 7-14　输入注释

图 7-15　添加注释

（7）单击图形区域右上角的"退出图纸编辑"按钮，退出图纸编辑状态。

（8）选择菜单栏中的"文件"|"保存图纸格式"命令，方便下次继续使用。

教学课件
工程图规范

7.1.3　工程图规范

制作工程图时，虽然说可以根据实际情况进行一些变化，但这些变化也要符合工程制图的标准。现行的标准大都采用国际标准，也就是 ISO 标准，下面就来介绍在 SolidWorks 中如何对工程图进行规范化设置。

选择菜单栏中的"工具"|"选项"命令，出现"系统选项"对话框。在"系统选项"选项卡中，单击"工程图"选项，将会出现如图 7-16 所示的"系统选项-工程图"对话框。

1. 系统选项设置

• 在插入时消除复制模型尺寸：选中此选项时（默认值），复制尺寸在模型尺寸被插入时不插入工程图。

• 在插入时消除重复模型注释：选中此选项时（默认值），重复的注释在模型

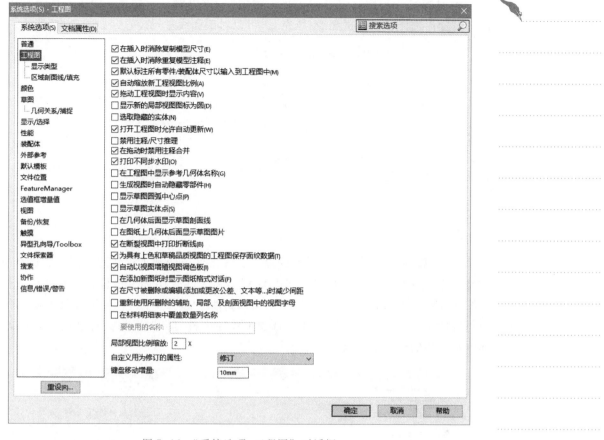

图 7-16　"系统选项-工程图"对话框

尺寸被插入时不插入工程图。

- 自动缩放新工程视图比例：新工程视图会调整比例以适合图纸的大小，而不考虑所选的图纸大小。

- 拖动工程视图时显示内容：选中此选项时，将在拖动视图时显示模型。取消选中此选项时，则拖动时只显示视图边界。

- 选取隐藏的实体：选中此选项时，可以选择隐藏（移除）的切边和边线（已经手动隐藏的）。当指针经过隐藏的边线时，边线将会以双点画线显示。

- 在工程图中显示参考几何体名称：选中此选项，当参考几何实体被输入进工程图中时，它们的名称将被显示。

- 生成视图时自动隐藏零部件：选中此选项时，装配体的任何在新的工程视图中不可见的零部件将隐藏并列举在"工程视图属性"对话框的"隐藏/显示零部件"选项卡中。零部件出现，所有零部件信息被装入。零部件名称在特征管理器设计树中透明。

- 显示草图圆弧中心点：选中此选项时，草图圆弧中心点在工程图中显示。

- 局部视图比例缩放：设置在工程视图中局部视图相对于原来视图的比例。

- 键盘移动增量：当用键盘移动视图时，设置每次移动的距离，单位为 mm。

● 选择"工程图"下方的"显示类型",可以对显示样式、切边、显示品质等进行设置;选择"区域剖面线/填充",可以对剖面线进行设置,如图7-17所示。

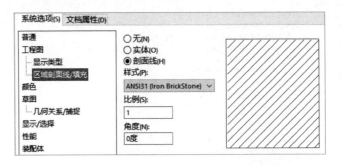

图7-17 设置剖面线

2. 文档属性设置

"文档属性"选项卡主要用来设置与工程零件详图和工程装配详图有关的尺寸、注释、零件序号、箭头、虚拟交点、注释显示、注释字体、单位、工程图颜色等,如图7-18所示。需要注意的是,在"文档属性"选项卡中进行的设置仅能应用于当前打开的文件,并且"文档属性"选项卡仅在文件打开时可用。新建立文件的文档属性从文件的模板中获取。

图7-18 "文档属性"选项卡

(1) 设置绘图标准。可以将"总绘图标准"设置为ISO或GB。

(2) 设置零件序号。包括设置单个零件序号、成组零件序号、零件序号文字及自动零件序号布局等,可以设置装配图中零件序号的标注样式。选择"注解"下的"零件序号"选项,进行各选项的设置,然后单击"确定"按钮即可完成设置,如图7-19所示。

(3) 设置尺寸。对于一个高级用户来说,工程图尺寸标注的设置非常重要,主要包括尺寸标注时文字是否加括号、位置的对齐方式、等距距离、箭头样式及位置等。选择"尺寸"选项,图7-20所示为系统的默认设置。

(4) 设置出详图。主要设置是否在工程图中显示装饰螺纹线、基准点、基准目标等。选择"出详图"选项,如图7-21所示,选中对应的选项即可进行相应的设置。

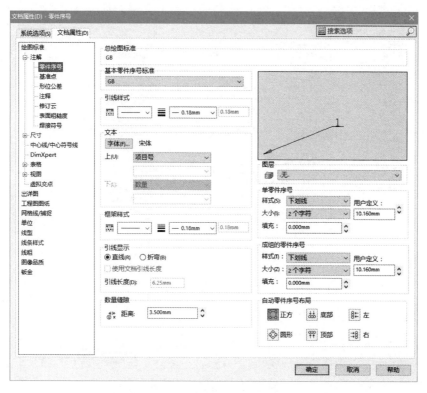

图 7-19　"零件序号"设置

图 7-20　"尺寸"设置

图 7-21　"出详图"设置

7.1.4　视图操作

1. 移动视图

选择一个视图，当鼠标移动到视图边界的空白区域，鼠标指针变成 形状时单击。被选择的视图边框呈虚线，如图 7-22 所示，视图的属性出现在相应视图的属性管理器中。

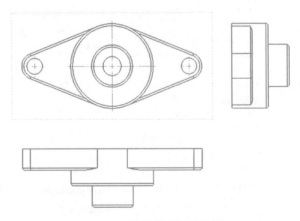

图 7-22　选择俯视图的效果

实例源文件
视图操作工程图

实例源文件
视图操作零件

要想退出选择，单击此视图以外的区域即可。具体操作可以打开实例源文件"视图操作"。

如果想要移动视图，可以采用如下两种方法之一。

方法一：按住 Alt 键，将鼠标放置在视图中的任何地方并拖动视图。

方法二：将鼠标指针移到视图边界或图线上以高亮显示边界，或选择将要移动的视图，当鼠标指针变成 形状时，将视图拖动到所需的位置。

在移动视图时，应该遵循以下原则。

（1）对于标准三视图，主视图与其他两个视图有固定的对齐关系。当移动主视图时，其他的视图也会跟着移动，而其他两个视图可以独立移动，但是只能水平或垂直于主视图移动。

（2）辅助视图、投影视图、剖面视图和旋转剖视图与生成它们的母视图对齐，并只能沿投影方向移动。

（3）断裂视图遵循断裂之前的视图对齐状态。剪裁视图和交替位置视图保留原视图的对齐。

（4）命名视图、局部视图、相对视图和空白视图可以在图纸上自由移动，不与任何其他视图对齐。

（5）子视图相对于父视图而移动。若想保留视图之间的确切位置，可在拖动时按住 Shift 键。

2. 视图锁焦

如要固定视图的激活状态，使其不随鼠标的移动而变化，就需要将视图锁定。

将视图锁定时，可右击俯视图边界内的空白区，在弹出的快捷菜单中选择"视图锁焦"命令，如图 7-23 所示，激活的俯视图被锁定。被锁定的视图边界会显示为粉红色，如图 7-24 所示。

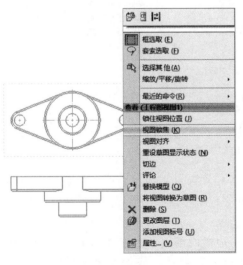

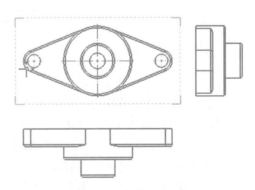

图 7-23　选择"视图锁焦"命令　　　　　　图 7-24　被锁定的视图

这时在图纸上作草图实体，例如在工程图中绘制一个圆，不论此实体离俯视图的距离有多远，都属于该视图上的草图实体。因此，视图锁焦确保了要添加的项目属于所选视图。

如要回到动态激活模式，可右击激活视图边界内的空白区，在弹出的快捷菜单中选择"解除视图锁焦"命令。

3. 更新视图

如果想在激活的工程图中更新视图,需要指定自动更新视图模式。用户可以通过设定选项来指定视图是否在打开工程图时更新。值得注意的是,不能激活或编辑需要更新的工程视图。更新视图有如下三种方式。

(1)更改当前工程图中的更新模式:在特征管理器设计树顶部的工程图图标上右击,在弹出的快捷菜单中选中或取消选中"自动更新视图"选项。

(2)手动更新工程视图:在特征管理器设计树顶部的工程图图标上右击,在弹出的快捷菜单中取消选中"自动更新视图"选项,然后选择"编辑"|"更新所有视图"命令;或者在需要更新的视图上右击,在弹出的快捷菜单中选择"更新视图"命令。

(3)在打开工程图时自动更新:选择"工具"|"选项"|"系统选项"|"工程图"命令,然后选中"打开工程图时允许自动更新"复选框。

4. 对齐视图

提示
打开工程图时自动更新视图不影响激活的工程图文档的自动更新视图。

(1)解除对齐关系:对于已对齐的视图,只能沿投影方向移动,但也可以解除对齐关系,独立移动视图。要解除俯视图与主视图的对齐关系,可以采用如下步骤。

① 右击俯视图边界内部(不在图形上),出现如图7-25所示的快捷菜单。

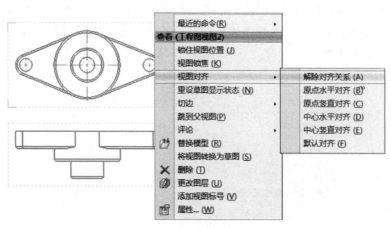

图 7-25   快捷菜单

② 选择快捷菜单中的"视图对齐"|"解除对齐关系"命令,或选择菜单栏中的"工具"|"对齐视图"或"解除对齐关系"命令,此时俯视图可以独立移动了,解除视图对齐关系后移动的视图如图7-26所示。

③ 如要再回到原来的对齐关系,在俯视图边框内部(不是在图形上)右击,在弹出的快捷菜单中选择"视图对齐"|"默认对齐"命令,或选择菜单栏中的"工具"|"对齐视图"|"默认对齐关系"命令,俯视图回到默认对齐状态。

(2)对齐视图:对于默认为未对齐的视图,或解除了对齐关系的视图,可以更改对齐关系。使一个视图与另一个视图对齐的操作步骤如下。

① 右击工程视图,在弹出的快捷菜单中选择"视图对齐"|"水平对齐"或"竖直对齐"命令,或先选择一个工程视图,然后选择菜单栏中的"工具"|"对齐视

图"|"水平对齐"或"竖直对齐"命令，鼠标指针变为 形状。

②单击要对齐的参考视图，视图的中心沿所选的方向对齐，如图 7-27 所示，如果移动参考视图，对齐关系将保持不变。

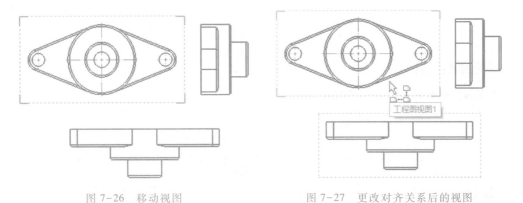

图 7-26　移动视图　　　　　　　　　图 7-27　更改对齐关系后的视图

5. 隐藏和显示视图

工程图中的视图可以被隐藏或显示。隐藏和显示视图的操作步骤如下。

（1）右击特征管理器中视图的名称。

（2）在弹出的快捷菜单中选择"隐藏"命令，如图 7-28 所示。如果该视图有从属视图（如局部、剖面视图等），则出现对话框询问是否也要隐藏从属视图。

（3）视图被隐藏后，当指针经过隐藏的视图时，指针形状变为 ，并且视图边界高亮显示。

（4）如果要查看图纸中隐藏视图的位置但并不显示它们，可选择菜单栏中的"视图"|"显示被隐藏视图"命令。

（5）要再次显示视图，可右击视图，在弹出的快捷菜单中选择"显示"命令。当要显示的隐藏视图有从属视图时，会出现对话框询问是否也要显示从属视图。

图 7-28　选择"隐藏"命令

7.1.5　标准三视图

利用标准三视图命令将产生零件的三个默认正交视图，其主视图的投射方向为零件或装配体的前视，投影类型为第一视角或第三视角投影法。

（1）新建工程图文件，并指定所需的图纸格式。

（2）单击"工程图"工具栏中的"标准三视图"按钮 ，或选择菜单栏中的"插入"|"工程视图"|"标准三视图"命令，鼠标指针变为 形状，会出现如图 7-29 所示的"标准三视图"属性管理器。

（3）单击"浏览"按钮，会出现如图 7-30 所示的"打开"对话框。

（4）在"打开"对话框中，选择文件放置的位置，并选择要插入的模型文件"标准三视图"，然后单击"打开"按钮，即可得到如图 7-31 所示的标准三视图。

教学课件
工程图绘制

微课
标准三视图

实例源文件
标准三视图

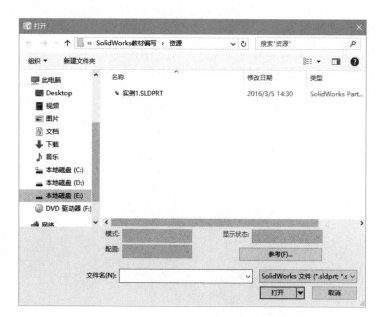

图 7-29 "标准三视图"
属性管理器

图 7-30 "打开"对话框

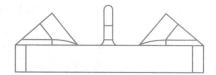

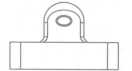

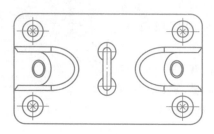

图 7-31 标准三视图

微课
投影视图

7.1.6 投影视图

投影视图是根据已有视图，通过正交投影生成的视图。投影视图的投影法，可在"图纸属性"对话框中指定使用第一视角或第三视角投影法。

要生成投影视图，其操作步骤如下。

（1）在打开的工程图中选择要生成投影视图的现有视图。

（2）单击"工程图"工具栏中的"投影视图"按钮，或选择菜单栏中的"插入"|"工程视图"|"投影视图"命令，此时会出现如图 7-32 所示的"投影视图"属性管理器，并显示视图预览框。

（3）在属性管理器的"箭头"面板中设置如下参数。

● "箭头"复选框：选中该复选框以显示表示投影方向的视图箭头（或 ANSI 绘图标准中的箭头组）。

● A→|（标号）：输入要随父视图和投影视图显示的文字。

（4）在如图 7-33 所示的"显示样式"面板中设置如下参数。

图 7-32 "投影视图"属性管理器　　　图 7-33 "显示样式"和"比例"面板

● 使用父关系样式：取消选中该复选框，以选取与父视图不同的样式和品质设定。

● 显示样式：包括▣（线架图）、▣（隐藏线可见）、▣（消除隐藏线）、▣（带边线上色）、▣（上色）。

（5）根据需要在如图 7-33 所示的"比例"面板中设置视图的相关比例。

● 使用父关系比例：选中该选项可以应用为父视图所使用的相同比例。如果更改父视图的比例，则所有使用父视图比例的子视图比例将更新。

● 使用图纸比例：选中该选项可以应用为工程图图纸所使用的相同比例。

● 使用自定义比例：选中该选项可以应用自定义的比例。

（6）设置完相关参数之后，如要选择投影的方向，可将指针移动到所选视图的相应一侧。当移动指针时，可以自动控制视图的对齐。

（7）当指针放在被选视图左边、右边、上面或下面时，会得到不同的投影视图。按所需投影方向，将指针移到所选视图的相应一侧，在合适位置处单击，生成投影视图，如图 7-34 所示。

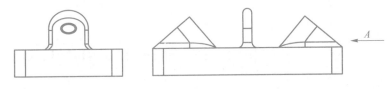

图 7-34 投影视图

7.1.7 剖面视图

剖面视图用来表达机件的内部结构。生成剖面视图时必须先在工程视图中放置适当的切割线，然后生成剖面视图。

1. 全剖视图

要生成剖面视图，其操作步骤如下。

（1）单击"工程图"工具栏中的"剖面视图"按钮 ，或选择菜单栏中的"插入"｜"工程视图"｜"剖面视图"命令，此时会出现如图 7-35 所示的"剖面视图辅助"属性管理器。

"切割线"面板中的选项如下。

① （竖直）：竖直放置切割线，如图 7-36（a）所示。

② （水平）：水平放置切割线，如图 7-36（b）所示。

③ （辅助视图）：斜放切割线，得到斜剖视图，如图 7-36（c）所示。

④ （对齐）：放置多条切割线，得到旋转剖视图，如图 7-36（d）所示。

⑤ 自动启动剖面实体：选中时，放置剖面线后自动生成相应的剖视图；取消选中时，能对切割线进行调整，如图 7-37 所示。

- （圆弧偏移）：作圆弧形偏移切割线，如图 7-38（a）所示。

图 7-35 "剖面视图辅助"属性管理器

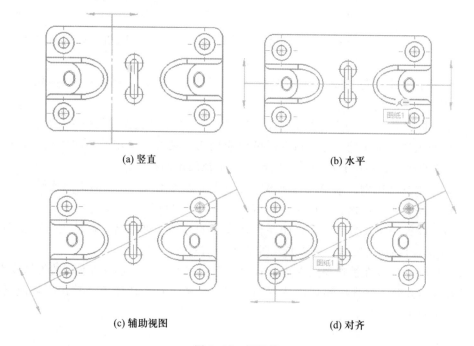

(a) 竖直   (b) 水平

(c) 辅助视图   (d) 对齐

图 7-36 切割线

- （单偏移）：作阶梯剖视图的切割线，如图 7-38（b）所示。

- （凹口偏移）：作凹口式切割线，如图 7-38（c）所示。

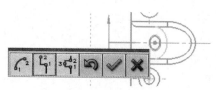

图 7-37 切割线偏移属性管理器

（2）单击"确定"按钮 完成切割线的编辑，弹出"剖面视图"属性管理器，如图 7-39 所示。

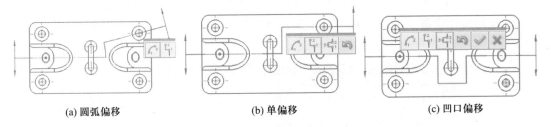

(a) 圆弧偏移　　　　　(b) 单偏移　　　　　(c) 凹口偏移

图 7-38　切割线偏移

（3）设置剖面视图的方向和标号等参数后，单击"确定"按钮，得到剖面视图，如图 7-40 所示。

图 7-39　"剖面视图"属性管理器

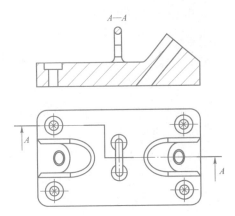

图 7-40　剖面视图

2. 半剖视图

（1）打开实例源文件"半剖视图"。

（2）单击图 7-35 所示属性管理器中的"半剖面"按钮，"剖面视图辅助"属性管理器如图 7-41 所示。

（3）在"半剖面"面板中选择剖切位置"左侧向上"，在视图中放置切割线位置并设置"剖面视图辅助"属性管理器中的其他参数，如图 7-42 所示。

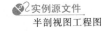
实例源文件
半剖视图工程图

实例源文件
半剖视图零件

微课
半剖视图

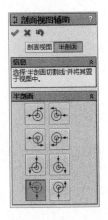

图 7-41　半剖面的"剖面视图辅助"属性管理器

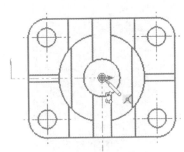

图 7-42　剖切位置

（4）在弹出来的"剖面视图"对话框中选择筋特征，依次展开工程视图及其下的零件模型，选中"筋5"，如图7-43所示。

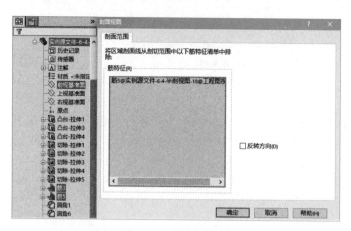

图7-43　筋特征排除

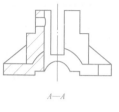

A—A

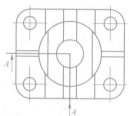

图7-44　半剖视图

（5）单击"确定"按钮，结果如图7-44所示。

3. 断开剖视图

（1）单击"工程图"工具栏中的"断开的剖视图"按钮，或选择菜单栏中的"插入"｜"工程视图"｜"断开的剖视图"命令，此时鼠标指针会变成形状，在需要剖开的位置画封闭的样条曲线，如图7-45所示。

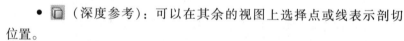

（2）完成封闭样条曲线的绘制后，会弹出如图7-46所示的"断开的剖视图"属性管理器。

图7-45　绘制样条曲线

- （深度参考）：可以在其余的视图上选择点或线表示剖切位置。

- （深度）：输入剖切的深度。

- 预览：选中时会在需要断开的视图上显示剖切的预览并在其余视图上显示剖切位置，如图7-47所示。

图7-46　"断开的剖视图"属性管理器

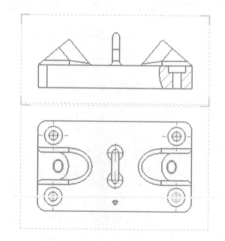

图7-47　断开的剖视图预览

（3）单击"确定"按钮后可以得到断开的剖视图。

任务实施

7.1.8   支架工程图绘制

实例源文件
支架工程图

（1）打开实例源文件"支架"，选择菜单栏中的"文件"|"从零件制作工程图"命令，在弹出的"新建 SolidWorks 文件"对话框中的模板下选择 A4 图纸。

实例源文件
支架零件

（2）在 A4 图纸中创建所需的图框及标题栏，如图 7-48 所示。

标记	处数	分区	更改文件号	签名	年、月、日	(材料标记)			(单位名称)
									(图样名称)
审计	(签名)	(年月日)	标准化	(签名)	(年月日)	阶段标记	重量	比例	
								1：5	(图样代号)
审核									
工艺			批准			共1张　　第　张			

图 7-48   标题栏

（3）在弹出的"视图调色板"中将"前视"拖到图纸中的适当位置，如图 7-49、图 7-50 所示。

微课
支架工程图创建

图 7-49   视图调色板

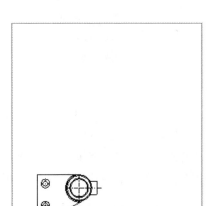

图 7-50   创建俯视图

（4）单击"工程图"工具栏中的"剖面视图"按钮 ⬚，或选择菜单栏中的"插入"|"工程视图"|"剖面视图"命令，在弹出的"剖面视图辅助"属性管理器中选

择 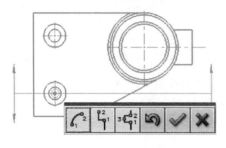（水平）切割线，如图7-51所示；选择"单偏移"后在切割线上需要转折的位置单击，放置第二条切割线，如图7-52所示。

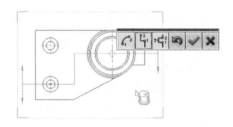

图7-51　放置水平切割线　　　　　　　　图7-52　单偏移

（5）单击"确定"按钮，在弹出的"剖面视图"属性管理器中设置方向和标号，如图7-53所示；将得到的剖视图放置在适当的位置，如图7-54所示。

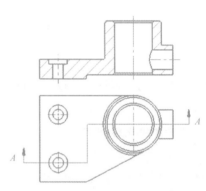

图7-53　"剖面视图"属性管理器　　　　　图7-54　剖视图

（6）选中主视图中任意一条竖直的边线，单击"工程图"工具栏中的"辅助视图"按钮，或选择菜单栏中的"插入"|"辅助视图"|"剖面视图"命令，在弹出的"辅助视图"属性管理器中设置方向、标号等参数，如图7-55所示；将获得的辅助视图放置在图纸的适当位置，并调整标号的位置，如图7-56所示。

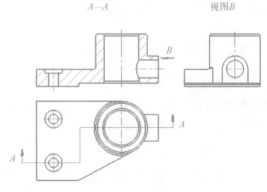

图7-55　"辅助视图"属性管理器　　　　　图7-56　支架工程图

任务拓展

7.1.9　断裂视图

对于较长的机件（如轴、杆、型材等），若其沿长度方向的形状一致或按一定规律变化，可用断裂视图命令将其断开后缩短绘制，而与断裂区域相关的参考尺寸和模型尺寸反映实际的模型数值。

要生成断裂视图，其操作步骤如下。

（1）选择工程视图。

（2）选择菜单栏中的"插入"|"工程视图"|"竖直折断线"或"水平折断线"命令，视图中将出现两条折断线。

（3）拖动折断线到所需位置。

（4）右击视图边界内部，在弹出的快捷菜单中选择"断裂视图"命令，此时断裂视图出现，如图 7-57 所示。

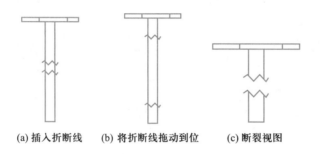

(a) 插入折断线　　(b) 将折断线拖动到位　　(c) 断裂视图

图 7-57　生成的旋转剖视图

生成的断裂视图如果想要修改，可以有如下几种方法。

● 要改变折断线的形状，右击折断线，在弹出的快捷菜单中选择一种样式即可。

● 要改变断裂的位置，拖动折断线即可。

● 要改变折断间距的宽度，选择"工具"|"选项"|"文档属性"|"出详图"命令。在"视图折断线"选项组中输入新的数值即可。要显示新的间距，恢复断裂视图然后再断裂视图即可。

提示
只可以在断裂视图处于断裂状态时选择区域剖面线，但不能选择穿越断裂的区域剖面线。

7.1.10　辅助视图

辅助视图的用途相当于机械制图中的斜视图，用来表达机件的倾斜结构。其本质类似于投影视图，是垂直于现有视图中参考边线的正投影视图，但参考边线不能水平或竖直，否则生成的就是投影视图。

要生成辅助视图，其操作步骤如下。

（1）选择非水平或竖直的参考边线。参考边线可以是零件的边线、侧影轮廓线（转向轮廓线）、轴线。

（2）单击"工程图"工具栏中的"辅助视图"按钮 ，或选择菜单栏中的"插入"|"工程视图"|"辅助视图"命令，此时会出现如图 7-58 所示的"辅助视图"属性管理器，并显示视图的预览框。

（3）在该属性管理器中设置相关参数，设置方法及其内容与投影视图相同，这里不再作详细的介绍。

（4）移动鼠标，当处于所需位置时，单击以放置视图。如有必要，可编辑视图标号并更改视图的方向。

如图 7-59 所示为生成的辅助视图——视图 B。

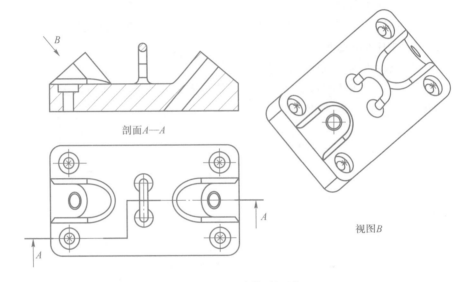

图 7-58　"辅助视图"
　　　属性管理器

图 7-59　生成辅助视图

7.1.11　局部视图

在实际应用中，可以在工程图中生成一种视图来显示一个视图的某个部分。局部视图就是用来显示现有视图某一局部形状的视图，通常是以放大比例显示。

局部视图可以是正交视图、3D 视图、剖面视图、裁剪视图、爆炸装配体视图或另一局部视图。

要生成局部视图，其操作步骤如下。

（1）在工程视图中激活现有视图，在要放大的区域，用草图绘制实体工具绘制一个封闭轮廓。

（2）选择放大轮廓的草图实体。

（3）单击"工程图"工具栏中的"局部视图"按钮 ，或选择菜单栏中的"插入"|"工程视图"|"局部视图"命令，此时会出现如图 7-60 所示的"局部视图"属性管理器。

（4）在该属性管理器的"局部视图图标"面板中设置相关参数，如图 7-61所示。

图 7-60　"局部视图"属性管理器

图 7-61　"局部视图图标"面板

① Ⓐ（样式）：选择一个显示样式，然后选择圆或轮廓。

● 圆：若草图绘制成圆，有 5 种样式可供使用，即依照标准、断裂圆、带引线、无引线和相连。依照标准又有 ISO、JIS、DIN、BSI、ANSI 几种，每种的标注形式也不相同，默认标准样式是 ISO。

● 轮廓：若草图绘制成其他封闭轮廓，如矩形、椭圆等，样式也有依照标准、断裂圆、带引线、无引线、相连 5 种，但如选择"断裂圆"，封闭轮廓就变成了圆。如要将绘制的封闭轮廓改成圆，可选择"圆"选项，则原轮廓被隐藏，而显示出圆。

② Ⓐ（标号）：编辑与局部圆或局部视图相关的字母。系统默认会按照注释视图的字母顺序依次以 A、B、C、…进行流水编号。注释可以拖到除了圆或轮廓内的任何地方。

③ 字体：如果要为局部圆标号选择文件字体以外的字体，可消除文件字体后单击"字体"按钮。如果更改局部圆名称字体，将出现一对话框，提示是否想将新的字体应用到局部视图名称。

（5）在如图 7-62 所示的"局部视图"面板中设置相关参数。

● 完整外形：选中此选项，局部视图轮廓外形会全部显示。

● 钉住位置：选中此选项，可阻止父视图改变大小时局部视图移动。

● 缩放剖面线图样比例：选中此选项，可根据局部视图的比例来缩放剖面线图样比例。

图 7-62　"局部视图"面板

（6）在工程视图中移动鼠标，显示视图的预览框。当视图位于所需位置时，单击以放置视图。最终生成的局部视图如图 7-63 所示。

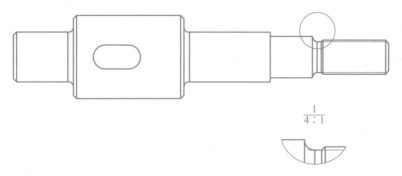

图 7-63　局部视图

任务分析

本任务对任务 1 完成的支架工程图进行必要的标注，如图 7-64 所示。分析可知，需要对零件图进行尺寸、表面粗糙度、注释以及形位公差的标注。

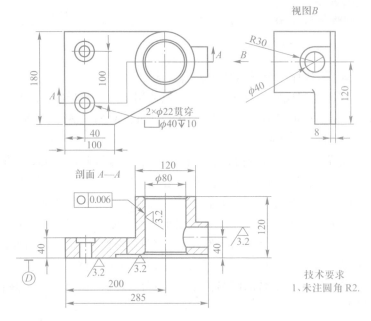

图 7-64 支架工程图标注

教学课件
尺寸和公差

相关知识

实例源文件
工程图尺寸标注
零件

7.2.1 工程图尺寸标注

（1）打开实例源文件"工程图尺寸标注"。

（2）单击"注解"工具栏中的"模型项目"按钮 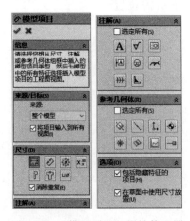 弹出如图 7-65 所示的"模型项目"属性管理器。

① 在"来源/目标"面板中选择模型项目尺寸的来源。

• 整个模型：从整个模型零件输入尺寸，包括草图和特征中的尺寸。

• 所选特征：只从选定的特征中输入尺寸。

② 在"尺寸"面板中选择需要输入工程图的尺寸类型。

③ 在"选项"面板中主要有如下选项。

• 包括隐藏特征的项目：插入隐藏特征的模型项目。取消选中此选项以防止插入属于隐藏模型项目的注解。过滤隐藏模型

图 7-65 "模型项目"属性管理器

微课
尺寸和公差

项目将会降低系统性能。

● 在草图中使用尺寸放置：将模型尺寸从零件中插入到工程图的相同位置。

（3）由于模型在创建的时候尺寸的标注位置有重叠，造成了视觉上的混淆，可以选中尺寸进行移动，已便看清楚尺寸。

有些尺寸属于参考尺寸或过尺寸，根据图纸要求应删除这些尺寸。选中视图中需删除的尺寸，按 Delete 键，即可删除选中的尺寸。

（4）根据视图的需要，可将尺寸移动到其他视图的相应位置中。

按住 Shift 键，选择俯视图中的尺寸 φ100，按住鼠标左键不放并拖动鼠标到主视图中，在合适位置释放鼠标左键，可将尺寸移动到左视图中相应位置，如图 7-66 所示。

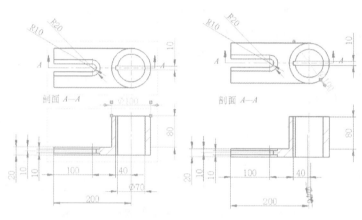

图 7-66　尺寸的移动

（5）当完成尺寸标注或单击任意已经标注的尺寸时，将弹出"尺寸"属性管理器，如图 7-67 所示。

① 在"公差/精度"面板中对尺寸进行公差标注，如图 7-68 所示。

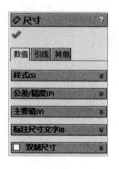

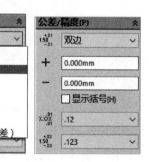

图 7-67　"尺寸"属性管理器　　　图 7-68　"公差/精度"面板

② 在"标注尺寸文字"面板中对尺寸文字进行修改，如图 7-69 所示。

● （尺寸置中）：在延伸线之间拖动尺寸文字时，尺寸文字捕捉到延伸线中心点，如图 7-70（a）所示。

● （等距文字）：使用引线从尺寸线等距尺寸文字，如图 7-70（b）所示。

微课
孔标注

- （添加括号）：可以带括号而显示从动的（参考引用）尺寸。

图7-69　"标注尺寸文字"面板

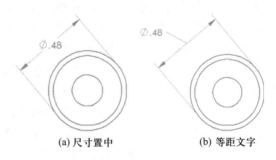

(a) 尺寸置中　　　(b) 等距文字

图7-70　尺寸置中

文本框下方是尺寸的对正按钮和符号按钮，可以输入各种符号，单击"更多"按钮能够访问符号库。

③ 选中"双制尺寸"复选框，指定尺寸以文档的单位系统和双制尺寸单位显示。两种单位均在"文档属性"对话框的"文档属性"|"单位"中指定，如图7-71所示。

图7-71　双制尺寸

7.2.2　工程图注释标注

教学课件
注释

微课
注释标注

（1）单击"注解"工具栏中的"注释"按钮**A**，或选择菜单栏中的"插入"|"注解"|"注释"命令，弹出如图7-72所示的"注释"属性管理器。

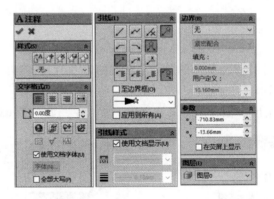

图7-72　"注释"属性管理器

① 在"文字格式"面板中对文字的大小、字体、粗细、位置、大小写等进行设置。

② 在"引线"面板中对注释的引线样式进行设置。

③ 在"边界"面板中对注释的边界样式进行设置，如图7-73所示。

④ 在"参数"面板中对注释在视图中的位置进行设置。

（2）设置完参数后，如果注释有引线，单击为引线放置附加点，再次单击放置注释，或单击并拖动边界框。

（3）输入需要的注释内容，如图7-74所示。

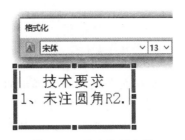

微课
块的应用

图 7-73　边界样式　　　　　图 7-74　输入注释内容

微课
表面粗糙度标注

7.2.3　工程图表面粗糙度标注

（1）单击"注解"工具栏中的"表面粗糙度符号"按钮 $\sqrt{}$ ，或选择菜单栏中的"插入" | "注解" | "表面粗糙度符号"命令，弹出如图 7-75 所示的"表面粗糙度"属性管理器。

① 在"符号"面板中设置表面粗糙度的显示符号，如图 7-76 所示。

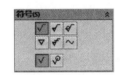

图 7-75　"表面粗糙度"属性管理器　　　图 7-76　"符号"面板

- $\boxed{\sqrt{}}$（基本）：表面粗糙度的基本符号，对零件的表面加工方法不作要求。
- $\sqrt{}$（要求切削加工）：要求零件的表面必须是切削加工。
- $\sqrt{}$（禁止切削加工）：要求零件的表面禁止切削加工。

② 在"符号布局"面板中设置表面粗糙度的显示符号，如图 7-77 所示。

③ 在"角度"面板中为符号设置旋转的角度，如图 7-78 所示。正的角度表示逆时针旋转注释。

（2）将设置好的表面粗糙度符号放置在工程图的所需位置，如图 7-79 所示。

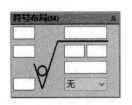

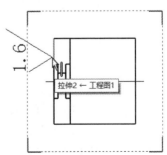

图 7-77　"符号布局"面板　　　图 7-78　"角度"面板　　　图 7-79　表面粗糙度标注

7.2.4　工程图形位公差标注

（1）单击"注解"工具栏中的"形位公差"按钮，或选择菜单栏中的"插入"|"注解"|"形位公差"命令，弹出如图 7-80 所示的"形位公差"属性管理器和如图 7-81 所示的形位公差"属性"对话框。

（2）在形位公差"属性"对话框中依次选择符号，输入公差值；如公差需要基准的，可以在后方继续输入基准代号；如需输入符号，可以在对话框上方选取，如图 7-82 所示。

图 7-80　"形位公差"属性管理器

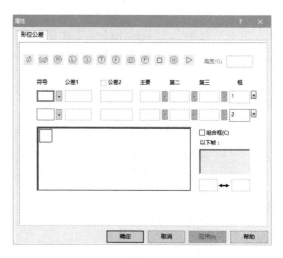

图 7-81　形位公差"属性"对话框

（3）在"形位公差"属性管理器中设置形位公差的参数。

（4）将创建好的形位公差放置在工程图中所需的位置，如图 7-83 所示。

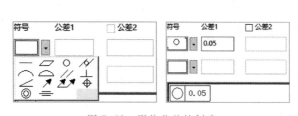

图 7-82　形位公差的创建

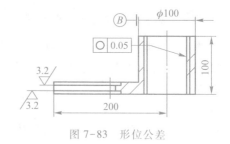

图 7-83　形位公差

任务实施

7.2.5　支架工程图标注

（1）打开任务 1 完成的工程图。

（2）单击"注解"工具栏中的"模型项目"按钮 ✎，在"模型项目"属性管理器的"来源/目标"面板中选择"整个模型"选项，选中"将项目输入到所有视图"复选框，在"尺寸"面板中选择 （为工程图标注）和 ▯（异型孔向导轮

廓），在"选项"面板中选中"包括隐藏特征的项目"复选框，其他选用默认值，
单击"确定"按钮✅后，在各视图中显示相应的尺寸，结果如图 7-84 所示。

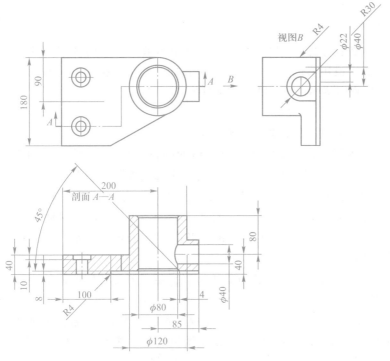

图 7-84　尺寸输入

（3）删除图形中重复的尺寸并调整尺寸的位置。

（4）给工程图标注表面粗糙度、形位公差和注释，如图 7-85 所示。

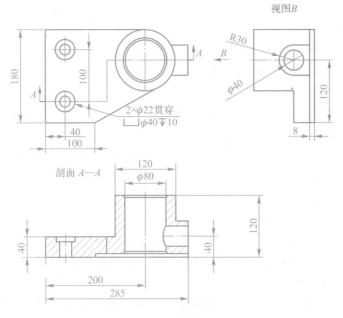

图 7-85　尺寸调整及其他标注

任务拓展

教学课件
工程图输出

微课
工程图输出

7.2.6   工程图输出

可以打印或绘制整个工程图纸，或只打印图纸中所选的区域，可以选择用黑白打印（默认值）或用彩色打印，也可为单独的工程图纸指定不同的设定，或者使用电子邮件应用程序将当前 SolidWorks 文件发送到另一个系统。

1. 彩色打印工程图

彩色打印工程图的操作步骤如下。

（1）在工程图中，根据需要修改实体的颜色，然后选择菜单栏中的"文件"｜"页面设置"命令，出现如图 7-86 所示的"页面设置"对话框。

（2）在"页面设置"对话框中输入合适的参数，然后单击"确定"按钮。

（3）选择菜单栏中的"文件"｜"打印"命令，在"打印"对话框的"名称"下拉列表框中选择支持彩色打印的打印机。当指定的打印机已设定为使用彩色打印时，打印预览也以彩色显示工程图。

（4）单击"属性"按钮，检查是否适当设定了彩色打印所需的所有选项，然后单击"确定"按钮进行打印。

在"页面设置"对话框中，对于"工程图颜色"选项组中各选项的含义说明如下。

● 自动：SolidWorks 检测打印机或绘图机能力，如果打印机或绘图机报告能够彩色打印，将发送彩色信息；否则，SolidWorks 将发送黑白信息。

● 颜色/灰度级：不论打印机或绘图机报告的能力如何，SolidWorks 将发送彩色数据到打印机或绘图机。黑白打印机通常以灰度级打印，彩色打印机或绘图机使用自动设定以黑白打印时，使用此选项可彩色打印图形。

● 黑白：不论打印机或绘图机的能力如何，SolidWorks 将以黑白发送所有实体到打印机或绘图机。

2. 打印工程图的所选区域

打印工程图所选区域的操作步骤如下。

（1）选择菜单栏中的"文件"｜"打印"命令，出现"打印"对话框。在"打印"对话框的"打印范围"选项组中，选中"当前荧屏图像"单选按钮并选中"选择"复选框，如图 7-87 所示。

（2）单击"确定"按钮，出现"打印所选区域"对话框，如图 7-88 所示，且在工程图纸中出现一个选择框，该框反映文件、页面设置、打印设置下所定义的当前打印机设置（纸张的大小和方向等）。

（3）选择比例因子以应用于所选区域。

对于"打印所选区域"对话框中各选项的含义说明如下。

● 模型比例（1∶1）：此项为默认值，表示所选的区域按实际尺寸打印，即 100 毫米的模型尺寸按 100 毫米打印。

● 图纸比例（n∶n）：所选区域按它在整张图纸中的显示进行打印。如果工程图大小和纸张大小相同，将打印整张图纸。

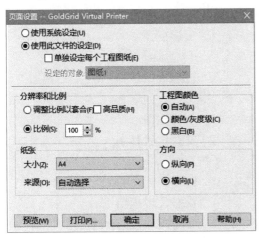

图 7-86　"页面设置"对话框

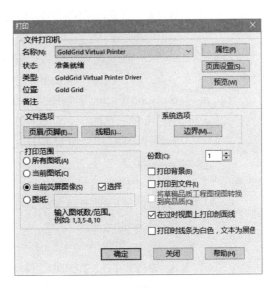

图 7-87　"打印"对话框

- 自定义比例：所选区域按定义的比例因子打印。输入需要的比例数值，然后单击"应用比例"按钮。当改变比例因子时，选择框大小将相应改变。

（4）将选择框拖动到想要打印的区域。可以移动或缩放视图，或在选择框显示时更换图纸。另外，可拖动整个选择框，但不能拖动单独的边来控制所选区域。

（5）单击"确定"按钮，完成打印所选区域的操作。

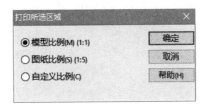

图 7-88　"打印所选区域"对话框

项目小结

本项目主要介绍了工程图的创建和标注。SolidWorks 的工程图主要包括三部分：① 图框和标题栏，在 SolidWorks 中能够根据自己的需要编辑图框和标题栏；② 视图，包括标准视图和各种派生视图，在制作工程图时，需要根据零件的特点，选择不同的视图组合，以便简洁地将设计参数和生产要求表达清楚；③ 尺寸、公差、表面粗糙度及注释文本的标注，包括形状尺寸、位置尺寸、尺寸公差、基准符号、形位公差、位置公差、零件的表面粗糙度以及注释文本等。

思考与练习答案

思考与练习

一、选择题

1. 添加 3 个标准的、正交的三视图的命令是（　　）命令。

A. 标准三视图　　　B. 模型视图　　　C. 投影视图　　　D. 辅助视图

2. 根据现有零件或装配体添加正交或命名视图的命令是（　　）命令。

A. 标准三视图　　　B. 模型视图　　　C. 投影视图　　　D. 辅助视图

3. 从一个已经存在的视图展开新视图的命令是（   ）命令。

A. 标准三视图   B. 模型视图   C. 投影视图   D. 辅助视图

4. 从一线性实体（边线、草图实体等）展开一新视图的命令是（   ）命令。

A. 标准三视图   B. 模型视图   C. 投影视图   D. 辅助视图

5. SolidWorks 中创建局部放大图的命令是（   ）命令。

A. 标准三视图   B. 剖面视图   C. 投影视图   D. 局部视图

6. 剪裁现有视图只显示视图一部分的命令是（   ）命令。

A. 断开的剖视图   B. 断裂视图

C. 剪裁视图   D. 交替位置视图

7. 用来做局部剖视图的命令是（   ）命令。

A. 断开的剖视图   B. 断裂视图

C. 剪裁视图   D. 交替位置视图

8. 如需要将尺寸在视图间移动，需要鼠标左键配合（   ）键使用。

A. Ctrl   B. Shift   C. Alt   D. 空格

9. 工程图中的线型（   ）。

A. 可以通过草图设置   B. 可以通过图层设置

C. 可以通过视图设置   D. 无法设置

10. 如需要将尺寸在视图间复制，需要鼠标左键配合（   ）键使用。

A. Ctrl   B. Shift   C. Alt   D. 空格

二、填空题

1. 需要给工程图标注表面粗糙度时，可以选择菜单栏中的"＿＿＿＿＿＿" |
"＿＿＿＿＿＿" |"表面粗糙度符号"命令。

2. 在工程图的属性管理器中，使用比例的方式主要有＿＿＿＿＿＿、
＿＿＿＿＿＿、＿＿＿＿＿＿。

3. SolidWorks 中剖面视图的切割线样式主要有＿＿＿＿＿＿、＿＿＿＿＿＿、
＿＿＿＿＿＿、＿＿＿＿＿＿。

三、上机题

1. 在 SolidWorks 中将项目 3 中创建的焊枪零件转变成工程图。

2. 在 SolidWorks 中将项目 4 中创建的齿轮零件转变成工程图。

参考文献

［1］陈乃峰. SolidWorks 2010 中文版三维设计案例教程［M］. 北京：清华大学出版社，2014.

［2］张忠将. SolidWorks 基础与应用精品教程［M］. 北京：机械工业出版社，2010.

［3］詹迪维. SolidWorks 快速入门教程［M］. 北京：机械工业出版社，2010.

［4］CAD/CAM/CAE 技术联盟. SolidWorks 2014 中文版从入门到精通［M］. 北京：清华大学出版社，2016.

［5］腾龙科技. SolidWorks 2010 三维设计及制图［M］. 北京：清华大学出版社，2011.

［6］魏峥，董小娟. SolidWorks 2013 基础教程与上机指导［M］. 北京：清华大学出版社，2015.

［7］北京兆迪科技有限公司. SolidWorks 2014 实用案例大全［M］. 北京：电子工业出版社，2014.

郑重声明

高等教育出版社依法对本书享有专有出版权。任何未经许可的复制、销售行为均违反《中华人民共和国著作权法》，其行为人将承担相应的民事责任和行政责任；构成犯罪的，将被依法追究刑事责任。为了维护市场秩序，保护读者的合法权益，避免读者误用盗版书造成不良后果，我社将配合行政执法部门和司法机关对违法犯罪的单位和个人进行严厉打击。社会各界人士如发现上述侵权行为，希望及时举报，本社将奖励举报有功人员。

反盗版举报电话　（010）58581999　58582371　58582488

反盗版举报传真　（010）82086060

反盗版举报邮箱　dd@hep.com.cn

通信地址　北京市西城区德外大街 4 号
　　　　　高等教育出版社法律事务与版权管理部

邮政编码　100120

防伪查询说明

用户购书后刮开封底防伪涂层，利用手机微信等软件扫描二维码，会跳转至防伪查询网页，获得所购图书详细信息。用户也可将防伪二维码下的 20 位密码按从左到右、从上到下的顺序发送短信至 106695881280，免费查询所购图书真伪。

反盗版短信举报

编辑短信"JB，图书名称，出版社，购买地点"发送至 10669588128

防伪客服电话

（010）58582300

资源服务提示

欢迎访问职业教育数字化学习中心——"智慧职教"（http://www.icve.com.cn），以前未在本网站注册的用户，请先注册。用户登录后，在首页或"课程"频道搜索本书对应课程"工业机器人应用系统三维建模"进行在线学习。用户可以扫描"智慧职教"首页或本页右侧提供的二维码下载"智慧职教"移动客户端，通过该客户端进行在线学习。

扫描下载官方APP